Zahlen bis 1000

1

a) Welche Zahlen sind es? Ergänze die Stellenwerttafel.

b) Ordne die Zahlen nach ihrer Größe. Was fällt dir auf?

c) Verbinde die Zahlen der Größe nach.

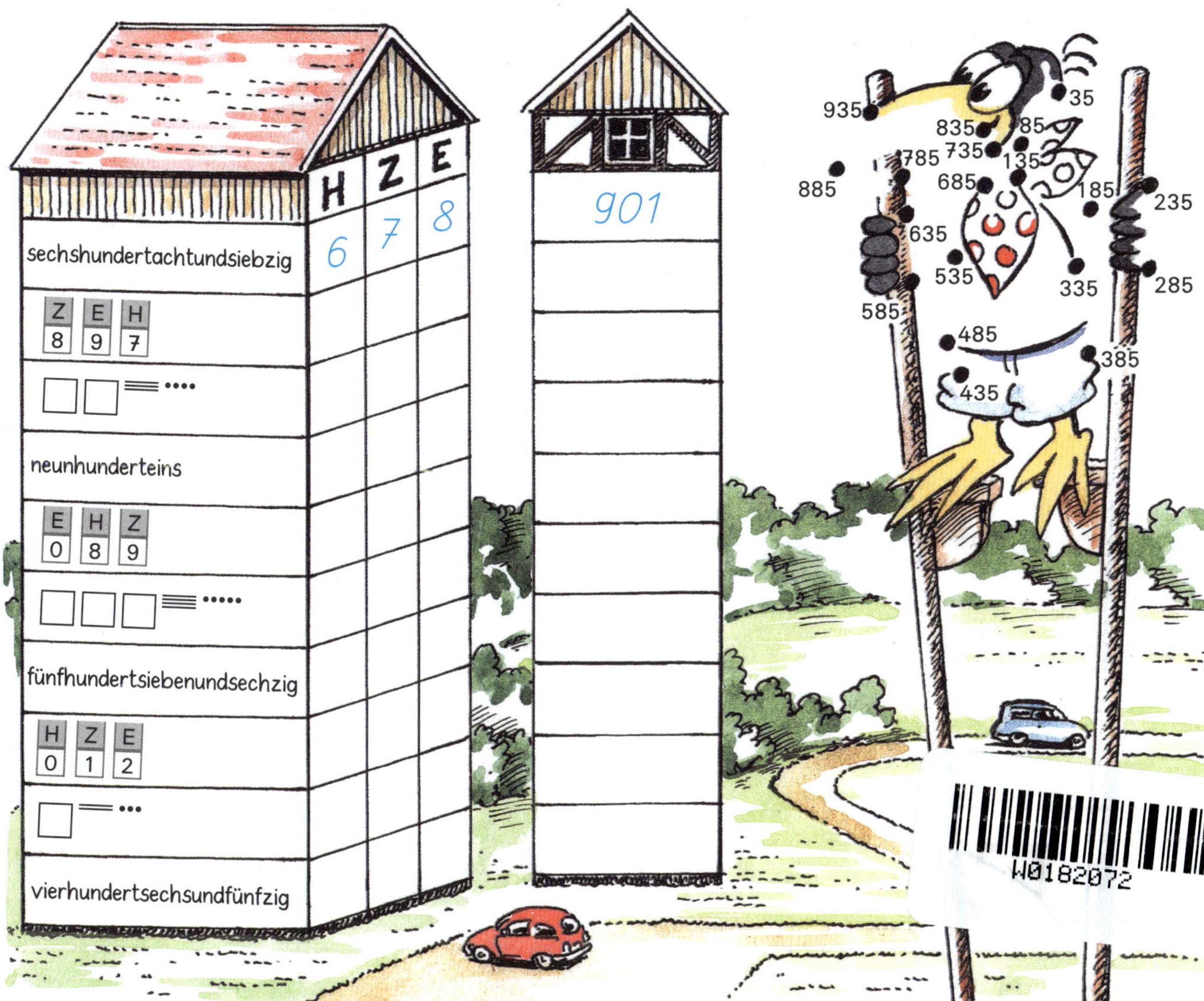

2

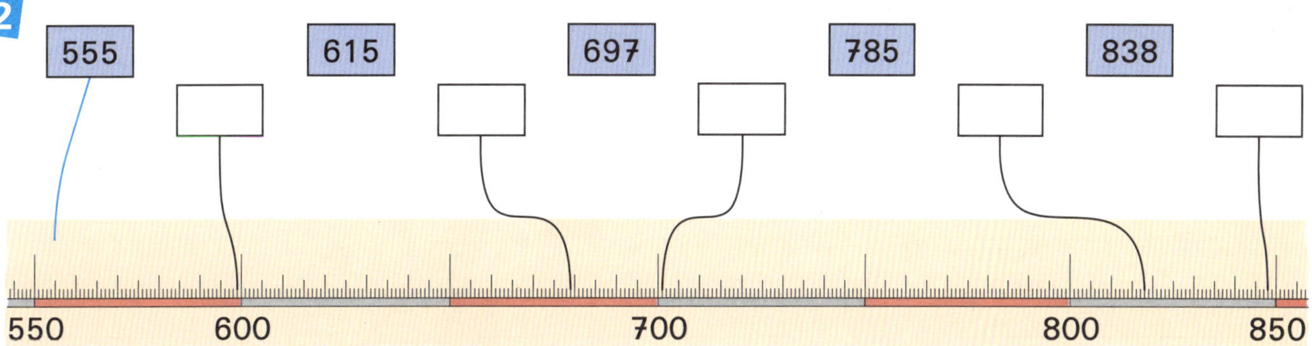

3

Finde Vorgänger und Nachfolger.

110	111				300			443		
		667			777				999	

Rechnen bis 1000

zu Seite 6

1 Wie viel Geld ist es? Ergänze.

a) SARAH — MAX — ALINA — JAKOB

SARAH: ____ € ____ ct

MAX: 240 € 80 ct

ALINA: 777 € 77 ct

JAKOB: ____ € ____ ct

b)

<table>
<tr><th>5</th><th>10</th><th>20</th><th>50</th><th>100</th><th>200</th><th>500</th><th>Summe</th></tr>
<tr><td>||</td><td></td><td></td><td>|</td><td></td><td>|</td><td></td><td>260 €</td></tr>
<tr><td>|||</td><td>|</td><td>|</td><td>|</td><td>||</td><td></td><td></td><td>____ €</td></tr>
<tr><td>|</td><td></td><td>𝍸</td><td>||||</td><td></td><td>|</td><td></td><td>____ €</td></tr>
<tr><td>𝍸</td><td>||||</td><td></td><td></td><td></td><td>|||</td><td></td><td>____ €</td></tr>
<tr><td>||||</td><td></td><td></td><td></td><td></td><td>||</td><td></td><td>750 €</td></tr>
<tr><td></td><td></td><td></td><td>𝍸 ||</td><td></td><td></td><td></td><td>835 €</td></tr>
<tr><td></td><td></td><td>|||</td><td></td><td></td><td></td><td></td><td>990 €</td></tr>
<tr><td></td><td></td><td></td><td>||</td><td></td><td></td><td></td><td>1 000 €</td></tr>
</table>

2

841 − 400 = ____
841 − 40 = ____
841 − 4 = ____

722 − 300 = ____
722 − 30 = ____
722 − 3 = ____

437 − 337 = ____
637 − 437 = ____
837 − 537 = ____

3 Zauberquadrate

70	195	170
	145	
120		

immer 435

+

25		45
	40	
		55

immer ____

=

95		215

immer ____

zu Seite 7

1

a)	b)	c)	d)
4 · 20 =	30 · 3 =	54 : 9 = 6	15 : 4 = 3 R 3
6 · 50 =	20 · 9 =	540 : 6 = 90	150 : 4 = 30 R 3
9 · 30 =	80 · 5 =	56 : 8 = 7	13 : 3 = 4 R 1
7 · 40 =	60 · 8 =	560 : 7 = 80	130 : 3 = 40 R 1
8 · 60 =	40 · 7 =	72 : 8 = 9	20 : 6 = 3 R 2
5 · 90 =	90 · 6 =	720 : 9 = 80	200 : 6 = 30 R 2

2

320

4 · 80 =	8 · 40 =
80 · 4 =	· =
320 : 80 =	: =
320 : 4 =	: =

7 · 90 =	9 · 70 =
· =	· =
: =	: =
: =	: =

3

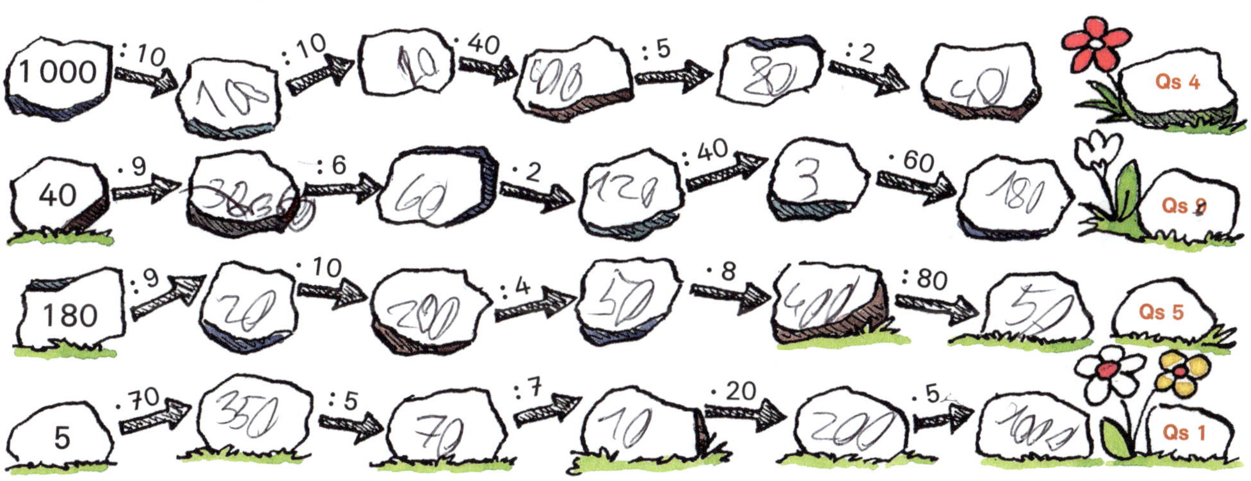

1000 → : 10 → 100 → : 10 → 10 → · 40 → 400 → : 5 → 80 → : 2 → 40 — Qs 4

40 → · 9 → 360 → : 6 → 60 → · 2 → 120 → : 40 → 3 → · 60 → 180 — Qs 9

180 → : 9 → 20 → · 10 → 200 → : 4 → 50 → · 8 → 400 → : 80 → 5 — Qs 5

5 → · 70 → 350 → : 5 → 70 → : 7 → 10 → · 20 → 200 → · 5 → 1000 — Qs 1

4 Wie viel Geld ist es?

a) 

b) 

c) 

3 · 10 ct = 30
4 · 20 ct = 80
3 · 50 ct = 150
insgesamt: 260

3 Die Ergebnisse mit der jeweils angegebenen Quersumme kontrollieren.

Halbschriftlich multiplizieren

zu Seite 8 und 9

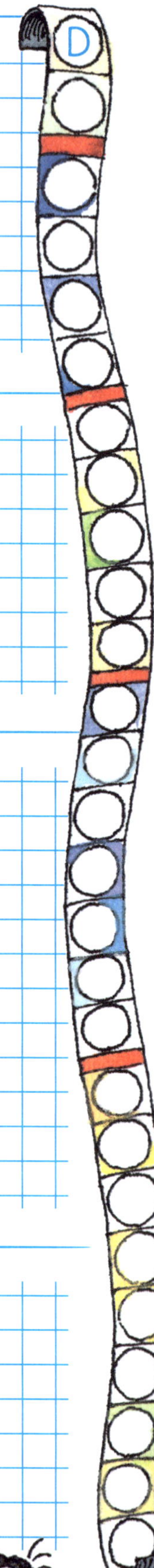

1

7 · 19 = (S) 5 · 16 = (U) 6 · 14 = (H)

9 · 17 = (T) 8 · 14 = (A) 4 · 13 = (D)

2

4 · 18 = (L) 7 · 13 = (L)

8 · 12 = (E) 6 · 19 = (S)

3 · 17 = (A) 9 · 19 = (R)

3

4 · 87 = (T) 6 · 75 = (I) 7 · 95 = (R)

8 · 26 = (C) 5 · 66 = (H) 3 · 54 = (I)

6 · 84 = (G) 7 · 72 = (G) 9 · 63 = (E)

4

6 · 54 = (H) 5 · 75 = (N)

7 · 44 = (C) 8 · 96 = (T)

2 · 87 = (E) 9 · 58 = (E)

Ordne die Ergebnisse der Aufgaben 1 bis 4 nach der Größe. Beginne jeweils mit der kleinsten Zahl. Trage die Buchstaben ein.

zu Seite
10 und 11

Halbschriftlich dividieren

1

85 : 5 = Ⓐ 45 : 3 = Ⓚ 72 : 4 = Ⓝ 84 : 6 = Ⓤ

91 : 7 = Ⓓ 68 : 2 = Ⓣ 99 : 3 = Ⓢ 96 : 4 = Ⓝ

2

536 : 8 = Ⓟ 315 : 9 = Ⓤ 203 : 7 = Ⓢ

Probe
8 · 67 =
8 · 60 =
8 · 7 =

Probe
9 · =

Probe
· =

3

285 : 3 = Ⓝ 288 : 8 = Ⓔ 318 : 6 = Ⓡ

304 : 4 = Ⓡ 595 : 7 = Ⓔ 430 : 5 = Ⓒ

651 : 7 = Ⓗ 608 : 4 = Ⓝ 999 : 9 = Ⓔ

4

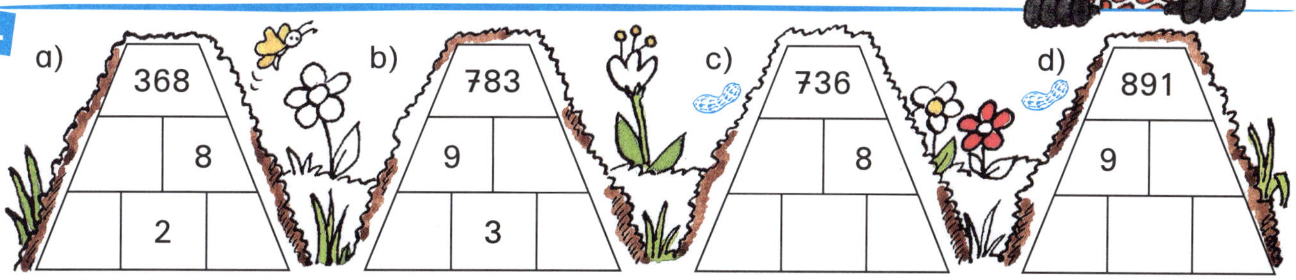

Multiplizieren und dividieren mit Kommazahlen

1 Julian und Sarah verkaufen ihre alten Hörspielkassetten auf dem Flohmarkt.

a) Arthur kauft 6 Kassetten bei Julian. Er bezahlt ________ .

b) Jenny kauft 6 Kassetten bei Sarah. Sie bezahlt ________ .

c) Was ist die günstigste Möglichkeit, 7 Kassetten einzukaufen?

2

a)	b)	c)
0,70 € · 4 = 2,80 €	0,50 € · 8 =	8 · 0,69 € =
0,30 € · 9 =	0,30 € · 7 =	5 · 0,71 € =
0,80 € · 7 =	0,40 € · 4 =	4 · 0,81 € =
0,60 € · 5 =	0,70 € · 2 =	3 · 0,59 € =
0,90 € · 6 =	0,90 € · 5 =	6 · 0,41 € =

3

a)	b)	c)
4,80 € : 8 = 0,60 €	3,20 € : 4 =	3,28 € : 8 =
2,40 € : 8 =	2,70 € : 3 =	4,83 € : 7 =
4,80 € : 6 =	3,60 € : 9 =	8,40 € : 4 =
2,40 € : 6 =	7,20 € : 9 =	6,42 € : 6 =
4,00 € : 5 =	6,40 € : 8 =	7,50 € : 5 =

4 Ordne zu und färbe.

2,40 € : 3 | 0,40 € · 3 | 0,30 € · 2 | 4 · 0,20 € | 1,20 € : 1 | 1,20 € : 2

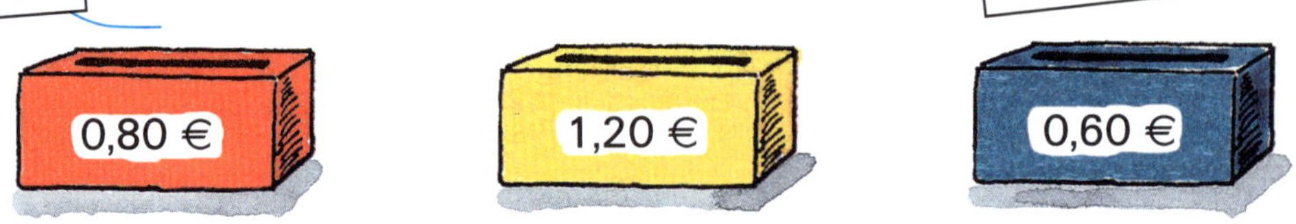

zu Seite 13

Schriftlich addieren und subtrahieren

1

a)

523 + 254	299 + 589	495 + 393
388 + 167	699 + 189	409 + 146

b)

589 − 478	832 − 499	762 − 96
901 − 679	700 − 256	968 − 80

2

a)

5,50 € − 3,95 €	10,00 € − 7,89 €
7,45 € − 4,85 €	9,99 € − 6,25 €

Alle Ergebnisse zusammen: 10 €

b)

3

Gehe durch das Labyrinth und addiere alle Zahlen, die du triffst. Achtung, 3 Irrlichter haben sich dazwischen gemogelt! Die Summe der richtigen Zahlen ist 999.

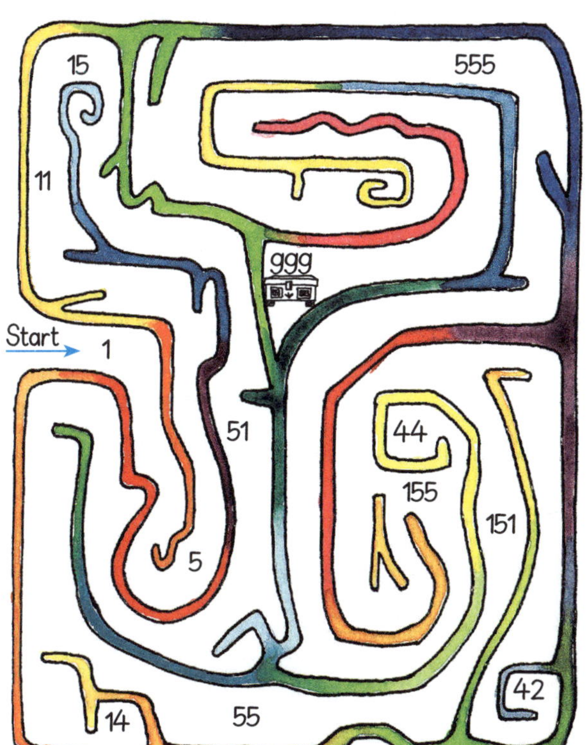

4

42_ + 3_1 = _18	___ + 147 = 400	1_8 + 437 = _4_
_89 − 2_6 = 21_	_0_ − 1_4 = 620	97_ − __8 = 722

zu Seite 14 und 15

1 Hohe Türme, berühmte Türme, alte Türme

CN Tower, Toronto, Kanada.
Der CN Tower (Canadian National Tower) ist das höchste freistehende Bauwerk der Welt. Insgesamt ist er 553 m hoch. Die Hauptplattform mit den Restaurants ist in 342 m Höhe gelegen. Seine höchste Aussichtsplattform befindet sich noch 105 m höher.

Fernsehturm, Berlin, D.
Der 368 m hohe Fernsehturm steht auf dem Alexanderplatz. Das berühmte Telecafé befindet sich in 208 m Höhe. Es dreht sich zweimal pro Stunde um die eigene Achse und bietet wunderbare Rundumaussichten.

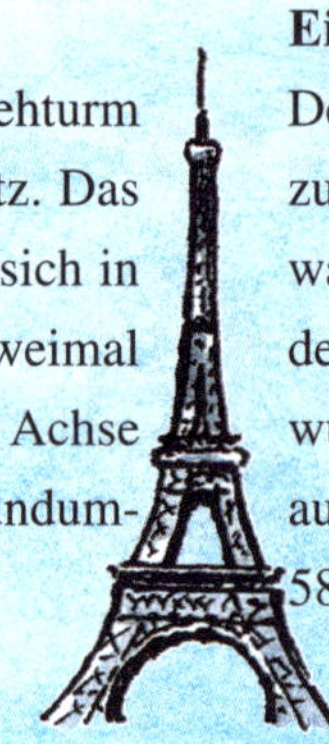

Eiffelturm, Paris, Frankreich.
Der Eiffelturm wurde bereits 1889 zur Weltausstellung erbaut und war damals das höchste Bauwerk der Welt. Er ist 300 m hoch, später wurde noch eine 24 m hohe Antenne aufgesetzt. Plattformen gibt es in 58 m, 115 m und 276 m Höhe.

a) Schreibe die Turm-Informationen in die Tabelle. Kannst du alles ausfüllen?

	Stadt	Land	Höhe in Metern	Höhe der Aussichtsplattformen, Restaurants oder Cafès in Metern		
				1.	2.	3.
CN Tower						
Fernsehturm						
Eiffelturm						

b) Verbinde Lösungshilfe und Frage, die zusammenpassen.

c) Vervollständige die Lösungsansätze.

(A) Wie hoch ist der Eiffelturm mit Antenne?

(B) Wie viele Meter ist der CN Tower höher als der Fernsehturm?
Und wie viele Meter höher als der Eiffelturm?

(C) Wie lange muss ich im Telecafé bleiben, wenn ich mich 11-mal rundherum drehen möchte?

Tabelle:

Stunden	Runden
1	
2	

Rechnung:

300 m + ___ m = ___ m

Skizze:

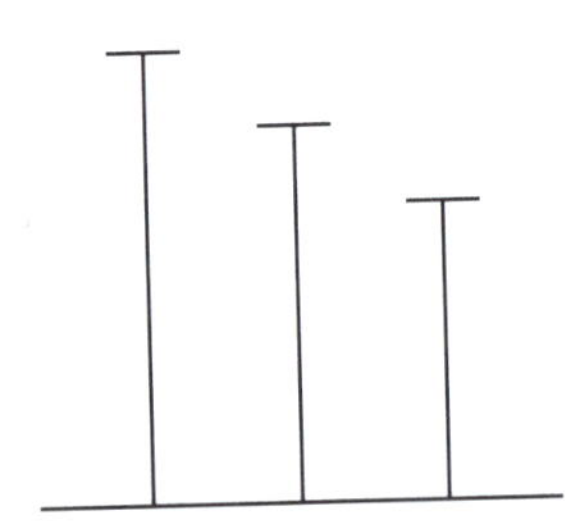

zu Seite
16 und 17

1 Um welche Körper kann es sich handeln? Kreuze in der Tabelle an.

TOM
Nur eine Fläche.
Sie ist gewölbt.

MARC
Kanten sind vorhanden.
Sie sind aber gekrümmt.

LISA
Gar keine Ecken.

MARA
Nur ebene Flächen.

PAUL
Genau so viele Ecken
wie Flächen.

RONJA
Nur gerade Kanten und
höchstens 5 Flächen.

TIM
Sowohl ebene, als auch
gewölbte Flächen.

MIA
Mindestens 4 Flächen.

	Pia	Jan	Tom	Lisa	Marc	Mara	Paul	Ronja	Tim	Mia
Würfel	X									
Quader										
Pyramide										
Zylinder (Walze)										
Kegel										
Kugel										

2 Male gegenüberliegende Flächen mit der gleichen Farbe an.

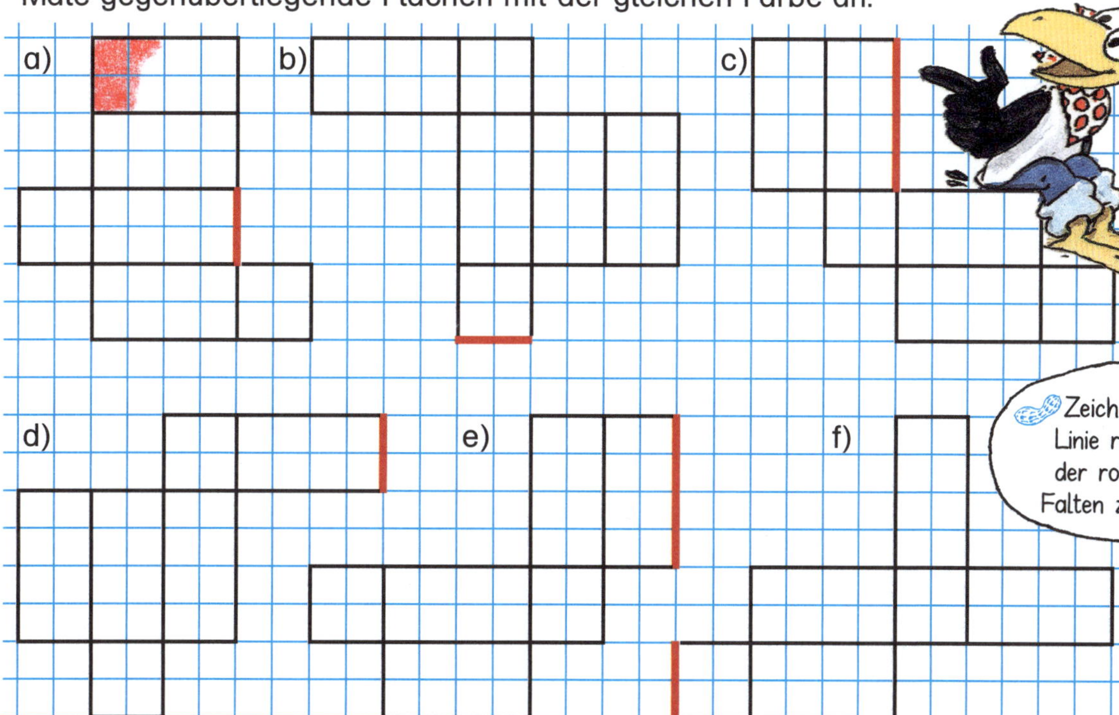

Quader kippen – Bauen und schauen

1 Kippe und beschreibe den Weg. Das Startfeld ist immer die Vorderseite.
Welche Fläche liegt zum Schluss oben?

a)

b)

c)

d)

e)

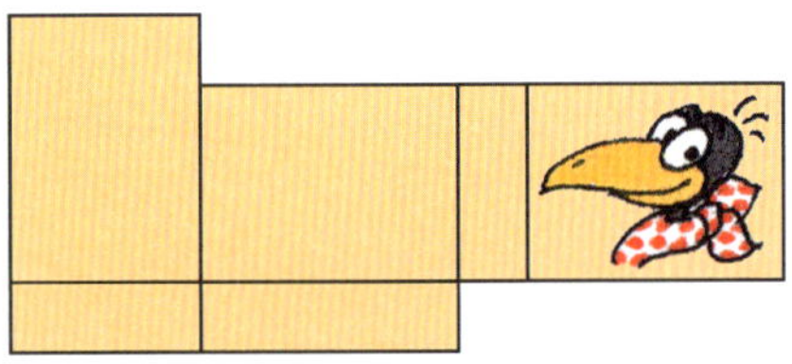

f)

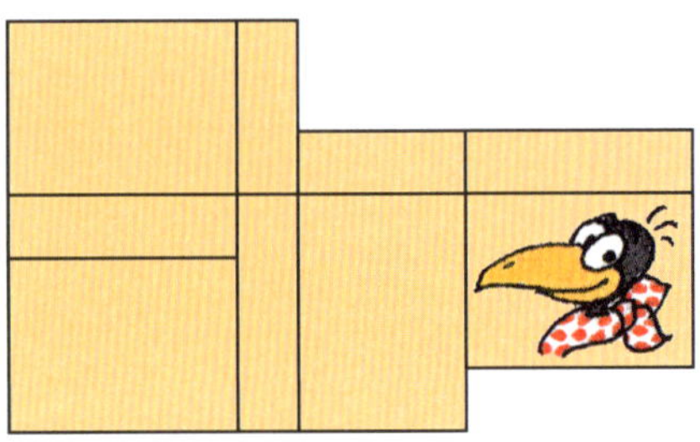

	Weg	letzte Fläche
a)	r, r	
b)		
c)		
d)		
e)		
f)		

2 Kreuze an, was richtig ist.

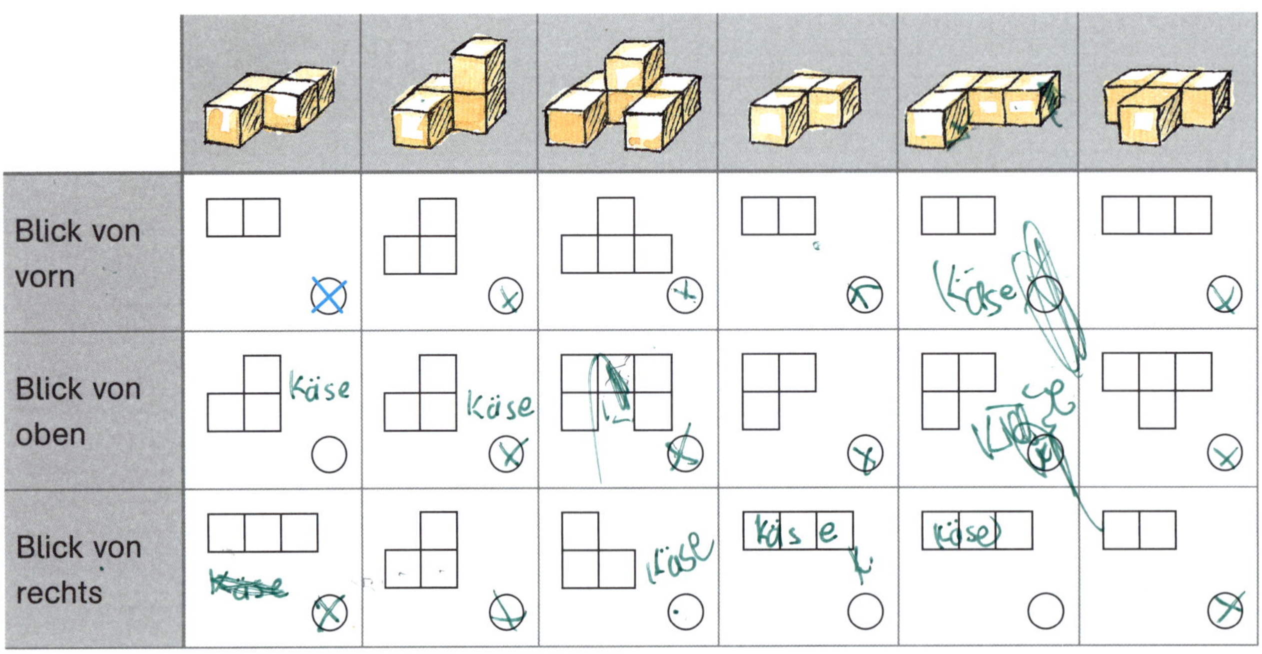

Baue nach und kontrolliere.

Zahlen bis 10 000

1 Wie viele Millimeterquadrate sind es?

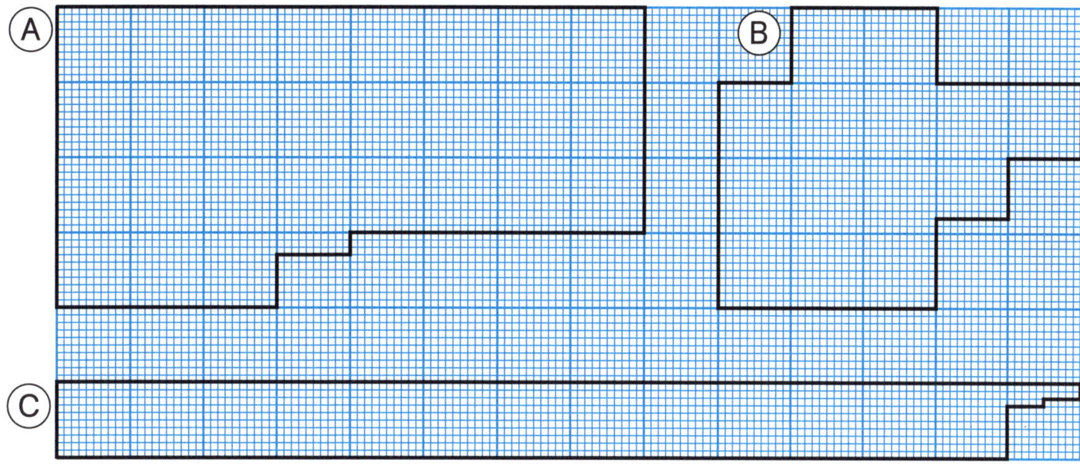

Feld A: ______ Feld B: ______ Feld C: ______

2 Zerlege.

6 528 = 6000 + 500 + 20 + 8
9 371 = 9000 + 300 + 70 + 1
4 660 = 4000 + 600 + 60 + 0

3 604 = ______
8 080 = ______
5 005 = ______

3

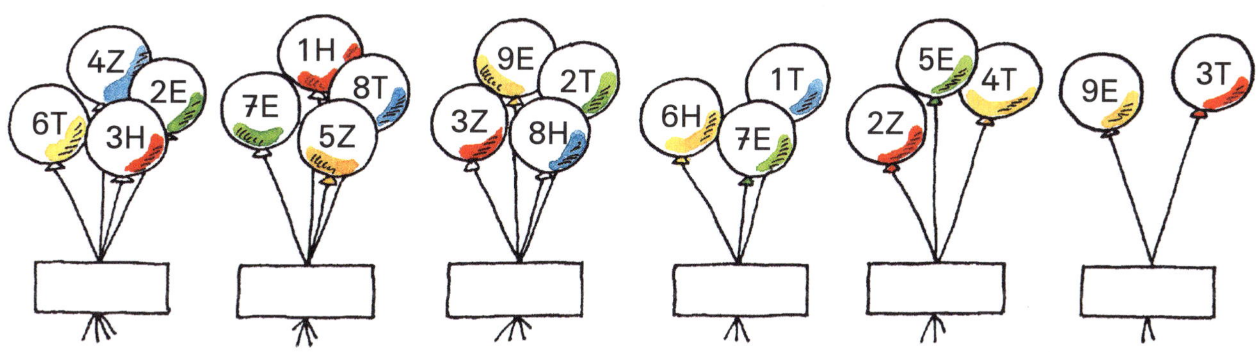

4 Bilde mit den 4 Ziffern vierstellige Zahlen. Suche jeweils die größte und die kleinste Zahl.

a) 4 8 1 3 — 8431 1348

b) 5 7 3 9 — 9753 3579

c) 2 0 9 6 — 0269 9620

d) 7 1 7 5 — 7751 1577

5

9 000		
4 000	3 000	2000
2 000		6 000
	1 500	2 500
3 500		

7 000		
2 000		3 500
	1 000	5 500
4 500	1 500	
3 500		

10 000		
	1 300	5 000
4 500		4 400
6 000	3 200	
1 600		

zu Seite 24 und 25

1

500	2000	3000	4000	5500	7000	8200	9000

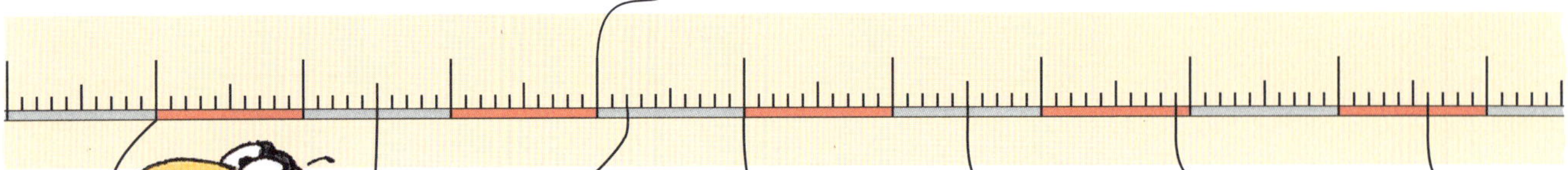

			5000			

2 Setze die Zahlenfolgen fort.

3550	3570	3590							3730
5890	5820	5750							5260

3

4965	4980	4990	5000	5015	5025	5039	5058

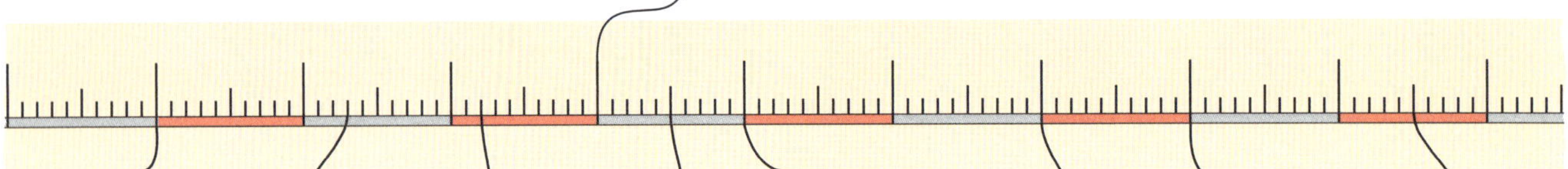

				5010			

4 Ordne nach der Größe.

1473

5

V	2571			6909	
	2572	3480	7899		
N	2573				5201

6

NH	4200				
	4216	1849	8550	4020	9901
NH	4300				

7 Immer 5000.

a) 4900 + ___ = 5000
4700 + ___ = 5000
4950 + ___ = ___
4870 + ___ = ___

b) 5800 − ___ = 5000
5330 − ___ = ___
5999 − ___ = ___
6001 − ___ = ___

c) 2500 + ___ = ___
7500 − ___ = ___
8100 − ___ = ___
4901 + ___ = ___

zu Seite 27

1 Zerlege.

43 517 = 40000+3000+500+10+7 92 401 = ____

28 369 = ____ 70 770 = ____

56 370 = ____ 66 002 = ____

2

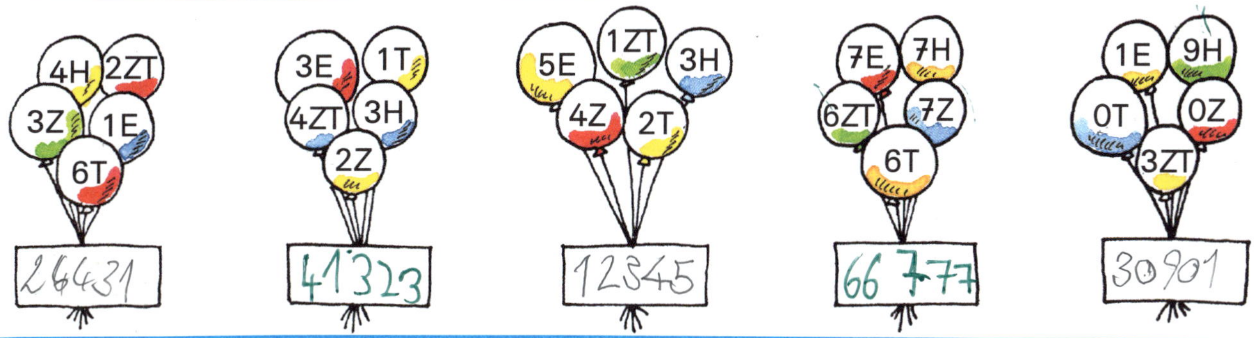

3 Bilde fünfstellige Zahlen. Suche jeweils die kleinste und die größte Zahl.

a) 2 7 5 3 9

b) 4 9 1 0 1

c) 3 4 8 0 3

d) Welche anderen Zahlen lassen sich mit den Ziffern 2 7 5 3 9 noch bilden? Schreibe 6 Zahlen auf.

4 Wie lang wird etwa die Strecke, wenn 100 000 Mathehefte aneinander gelegt werden? Miss die Länge deines Heftes und rechne aus, wie viele Hefte du etwa für einen Meter brauchst. Rechne dann weiter und fülle die Tabelle aus.

Hefte	Länge
	1 m
	2 m
	10 m
	m
	m
100 000	m

5

80 000

50 000	20 000	
10 000		40 000
	15 000	35 000
25 000		

100 000

30 000		55 000
	10 000	75 000
25 000	65 000	
		30 000

60 000

	16 000	40 000
24 000		32 000
18 000	23 000	
39 000		

Zahlenstrahl und Runden

1

35 700	37 600	38 200	39 000	40 000	41 500	43 100	44 500

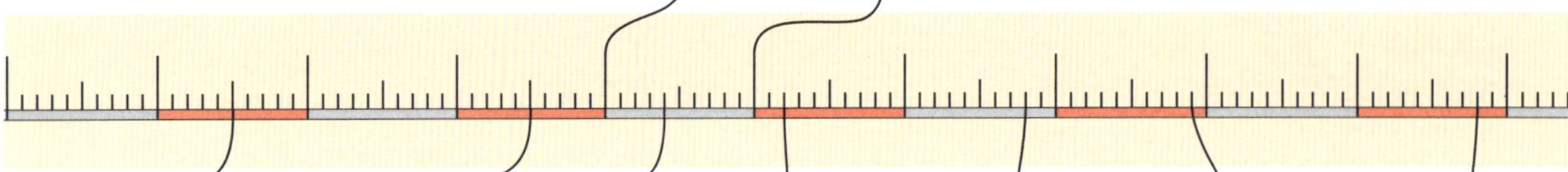

2 Setze die Zahlenfolgen fort.

43 500	43 700	43 900						
19 050	19 110	19 170						

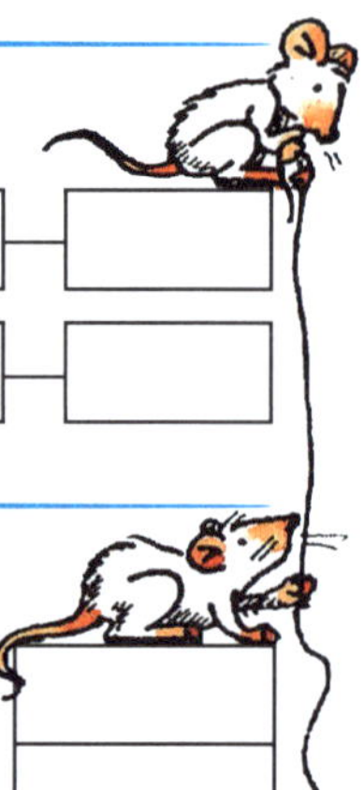

3 Ordne nach der Größe.

24 680

4

V	*52 382*			87 999
	52 383	94 749		
N			36 101	

5

NT				
	25 567	42 189	80 073	39 606
NT	*26 000*			

6

a) Runde auf Hunderter:

32 557 ≈ *32 600*
32 546 ≈ 32 500
78 031 ≈
54 968 ≈ 55 000

b) Runde auf Tausender:

96 735 ≈
96 204 ≈ 96 000
27 850 ≈ 28 000
81 399 ≈ 81 000

c) Runde auf Zehntausender:

12 397 ≈ 10 000
47 046 ≈ [illegible]
60 002 ≈ [illegible]
74 991 ≈ 70 000

7 Schreibe jeweils 4 Zahlen auf.

a) Gerundet auf Zehner: 19 240

b) Gerundet auf Tausender: 33 000

Addieren und subtrahieren

1

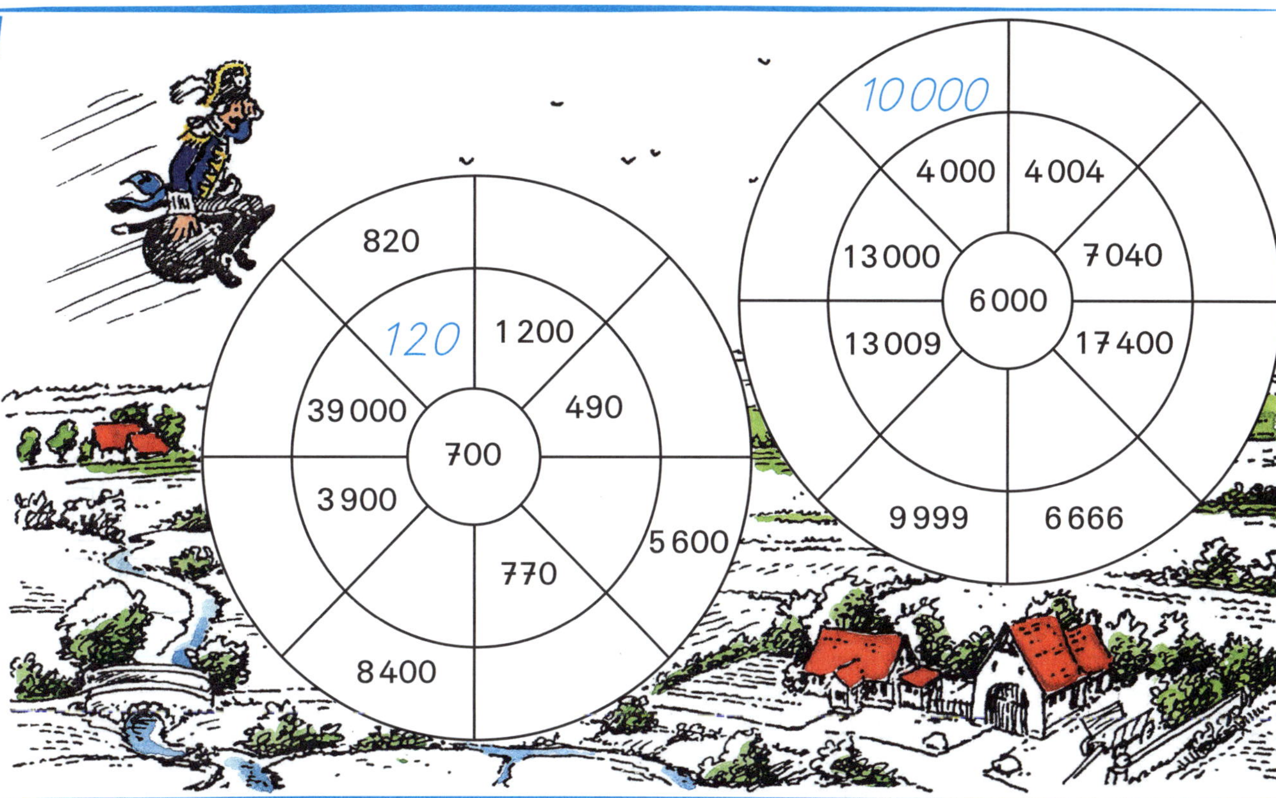

2

a) 4 200 + 2 100 =
63 000 + 36 000 =
1 900 + 5 800 =
74 000 + 26 000 =

b) 6 800 – 5 700 =
22 800 – 2 700 =
9 300 – 8 200 =
54 300 – 2 700 =

c) 5 350 + 80 =
5 450 + 80 =
6 120 – 70 =
6 020 – 70 =

3

a)

+	9	190	1 900
2 580			
3 697			
14 715			
58 302			

b)

–	9	190	1 900
12 589			
23 697			
14 710			
25 830			

4

Packe den Koffer. Male an, was hineinpasst. Überlade ihn nicht!

Schriftlich addieren und subtrahieren

1 Wer sitzt in der Höhle?
Löse die Aufgaben der Reihe nach und verbinde die Ergebnisse.

Multiplizieren und dividieren

1

70	·	100	=	
	·		=	
	·		=	
	·		=	
	·		=	
	·		=	
	·		=	
	·		=	
	·		=	
	·		=	
	·		=	
	·		=	

2

a)

7 · 96 = (15)

4 · 430 = (10)

9 · 9700 = (18)

28 · 8 = (8)

547 · 5 = (17)

8600 · 8 = (22)

b)

546 : 6 = (10)

2149 : 7 = (10)

27009 : 9 = (4)

276 : 4 = (15)

4205 : 5 = (13)

24440 : 8 = (13)

zu Seite 37 und 38

Multiplizieren und dividieren

1 Suche den richtigen Weg zu den Schatztruhen.

2

800 : 2 = 400 S	1060 : 2 = M
1000 : 5 = 200 I	4860 : 6 = Ü
3500 : 5 = 700 L	3760 : 4 =
4200 : 60 = 70 B	2240 : 7 = 3200
81000 : 90 = 900 E	5400 : 6 = 900
10000 : 100 = 100 R	3760 : 4 =

3

1801 : 6 = ___ R ___

2708 : 9 = ___ R ___

9000 : 6 = ___ R ___

4707 : 5 = ___ R ___

1

a) 6 · 15 + 145 = ____ 10
540 : 90 − 3 = ____ 3
610 + 7 · 30 = ____ 10

b) 3200 + 600 : 3 − 4 = ____ 21
4800 : 6 − 3500 : 7 = ____ 3
400 · 3 + 9 · 500 = ____ 12

c) 150 : (14 − 9) = ____ 3
30 · (28 + 52) = ____ 6
(790 − 490) · 2 = ____ 6

d) (240 + 80) : 40 = ____ 8
(425 + 75) : (9 − 4) = ____ 1
(31 − 29) · (168 + 2) = ____ 7

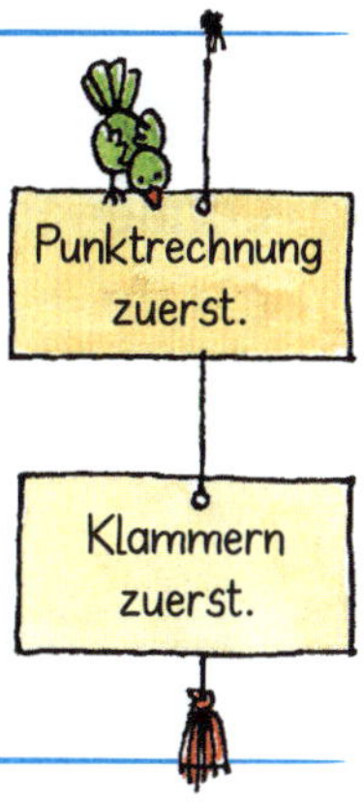

2

Das Ergebnis soll immer 100 sein. Bei einigen Aufgaben musst du Klammern setzen.

2 · (25 + 25) = 100	18 + 32 · 2	150 − 5 · 10	37 + 7 · 9
23 − 13 · 35 − 25	8 · 5 + 3 · 20	500 : 50 − 45	
180 − 60 + 20	80 + 9 · 8 − 52	360 − 60 : 3	

3

Setze die fehlenden Rechenzeichen ein: + − · :

4

Ordne zu.

~~22~~ 15 48 300 296 4385 61 605 93 24850 70 574

durch 2 teilbar	durch 5 teilbar	durch 10 teilbar
22		
7 Zahlen	6 Zahlen	3 Zahlen

5

a) Welche Zahlen zwischen 444 und 509 kann man durch 5 teilen, aber nicht durch 10?

____

b) Welche Zahlen zwischen 301 und 399 kann man durch 2, 5 und 10 teilen?

____

zu Seite 40 und 41

1 Vervollständige die Längenangaben in der Tabelle.

	km		m			
4620 m		4	6	2	0	4,620 km
5070 m						
95 m						
	1	0	5	0	0	
		7	0	0	5	
				3	8	
						6,520 km
						0,075 km
						1,008 km

2

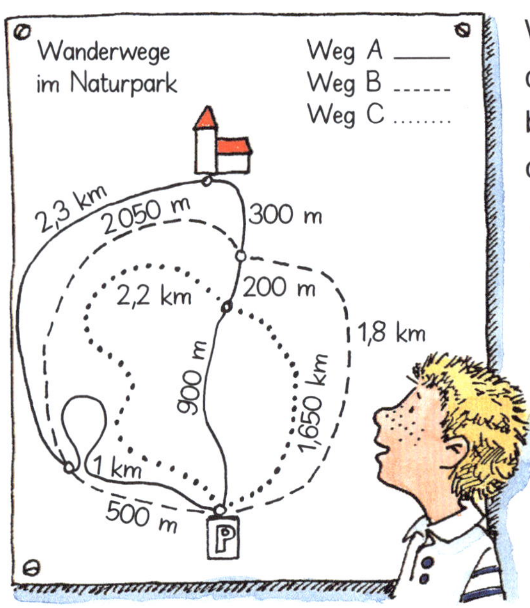

Welche Wege wurden gewandert?

a) Wir sind 3 km und 850 m gegangen. Weg ______

b) Unser Weg war 4,350 km lang. ______

c) Unser Weg war fast 5 km lang. ______

3 Ordne die Längenangaben nach der Größe. Beginne mit der kleinsten Länge.

8000 m   788 m   3,5 km   6070 m   4 km   2 km 80 m   6,007 km   0,560 km

4 Runde auf volle Kilometer.

4785 m ≈ ______

6050 m ≈ ______

952 m ≈ ______

4,075 km ≈ ______

8,520 km ≈ ______

0,735 km ≈ ______

1,802 km ≈ ______

5 Male gleiche Längenangaben mit derselben Farbe an.

3500 m   7 km 85 m   7,085 km   0,785 km   3,500 km   3,5 km   0,350 km   350 m   3 km 500 m   785 m   7085 m

Liter und Milliliter

1 Lies ab.

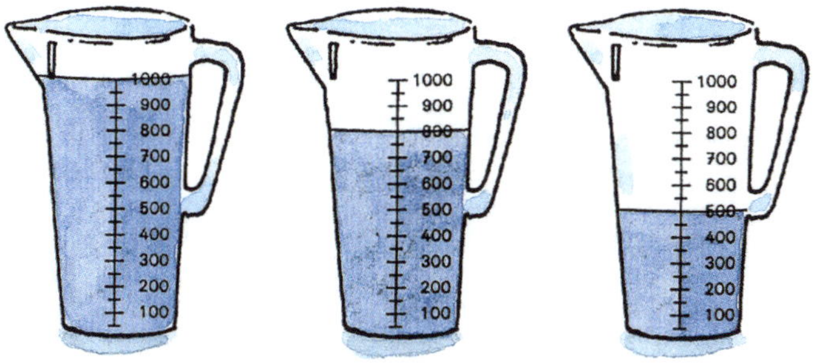

ml	ml	ml

2 Zeichne ein.

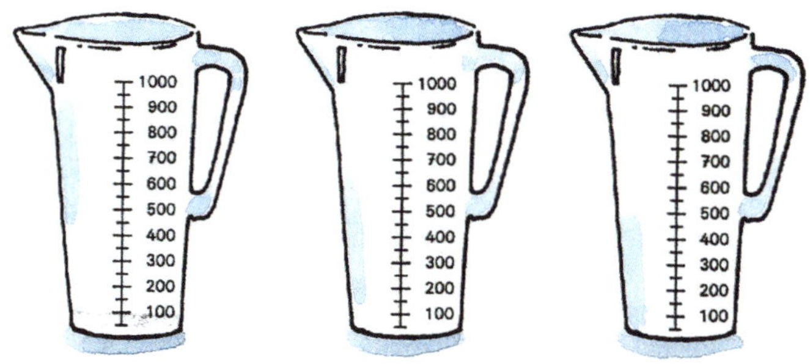

250 ml | 750 ml | 125 ml

3

das Doppelte			1000 ml			
Inhalt	50 ml	100 ml		$\frac{1}{2}$ l	$\frac{1}{4}$ l	
die Hälfte						375 ml

4 Was passt zusammen? Verbinde.

5 In den Kanister sollen 5 Liter eingefüllt werden. Denke dir verschiedene Möglichkeiten aus, um den Kanister mit den Messbechern zu füllen.

5	–	–	5 l
	3	2	5 l
			5 l
			5 l
			5 l
			5 l
			5 l
			5 l

zu Seite
42 und 46

1 Setze die richtigen Angaben in den Text ein.

Die Fahrradtour

Am Sonntag startete die Familie Becker um ______ in Lengenfeld zu einer Fahrradtour entlang der Göltzsch. Dabei lernten sie interessante Bauwerke näher kennen.

Beim Ort Weißensand fuhren sie durch die große Autobahnbrücke. Die Brücke ist ______ lang, 36 ______ hoch und sie hat ______ .

In Mylau besichtigte Familie Becker die ______ . Im Museum erfuhren sie viel über die ______ alte Göltzschtalbrücke. Diese Brücke wurde aus ______ Ziegeln gebaut. Damit ist sie die größte Ziegelbrücke der ______ .

Die Göltzschtalbrücke ist ______ m länger und 38 m ______ als die Autobahnbrücke in Weißensand. In Reichenbach machte Familie Becker ______ Mittagspause und fuhr um ______ wieder los. Stina und Lukas tranken jeder ______ Apfelsaft. Dann fuhren sie zurück nach Lengenfeld.

26 Millionen | Burg | $\frac{1}{2}$ Liter | Welt | 147 | Meter | 9.00 Uhr

~~Sonntag~~ | 427 m | 150 Jahre | eine Stunde | 5 Bögen | höher | 13.30 Uhr

2 Es tropft ...

Jannick zählt, wie oft der Wasserhahn tropft. Er fängt das Wasser in einem Messbecher auf.

a) Vervollständige die Tabelle:

Zeit	30 s	1 min		10 min	1 h	
Tropfen	20		100			
Menge	4 ml					$\frac{1}{2}$ l

b) (A) Wie viele Tropfen ergeben 1 ml?

(B) Wie lange dauert es, bis Jannick 1 l im Becher hat?

(C) Wie lange dauert es, bis eine Tasse (60 ml) gefüllt ist?

zu Seite
48 und 49

1 Welcher Bauplan gehört zu welchem Gebäude? Verbinde.
Ergänze die Anzahl der Stockwerke.

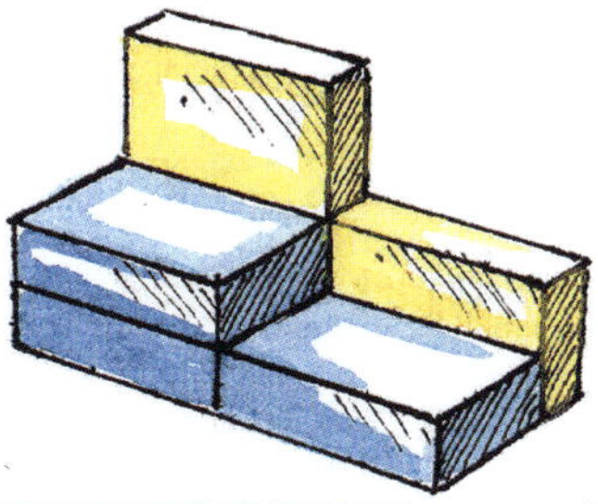

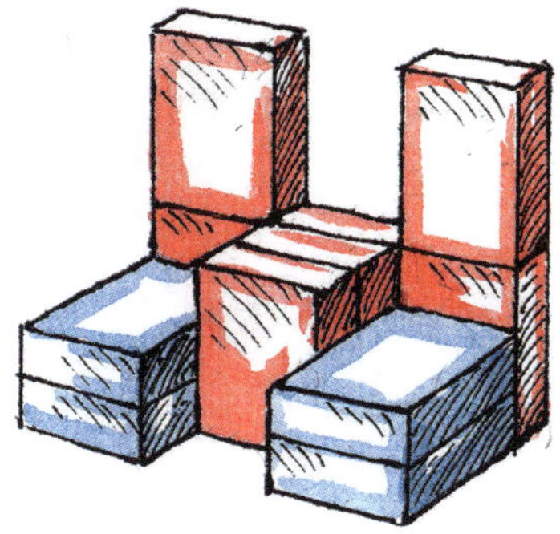
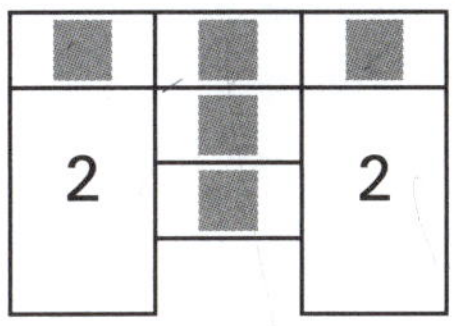

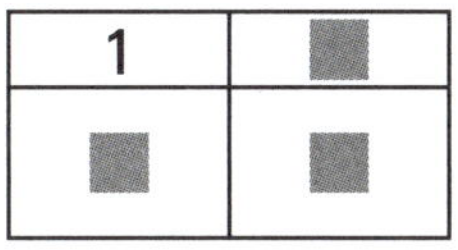

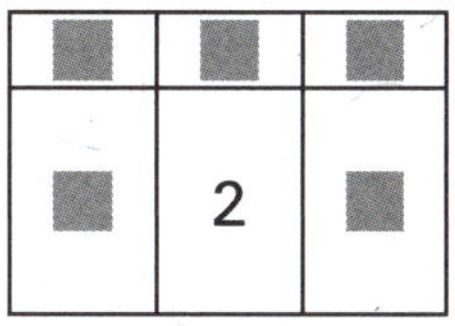

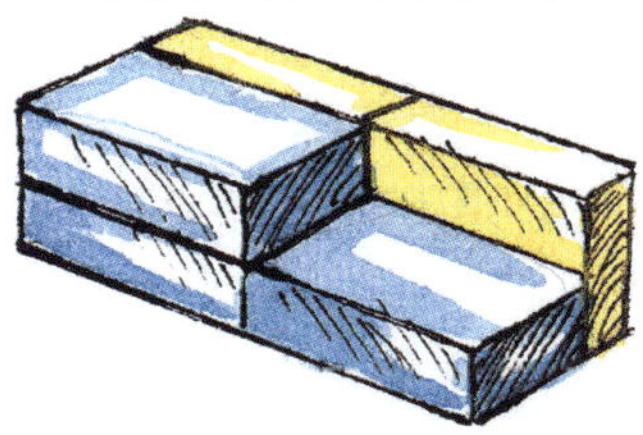
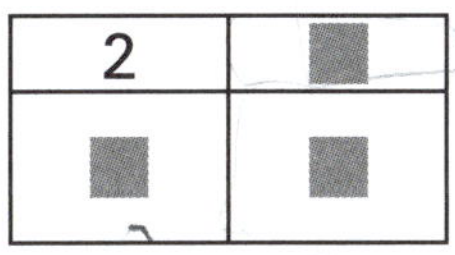

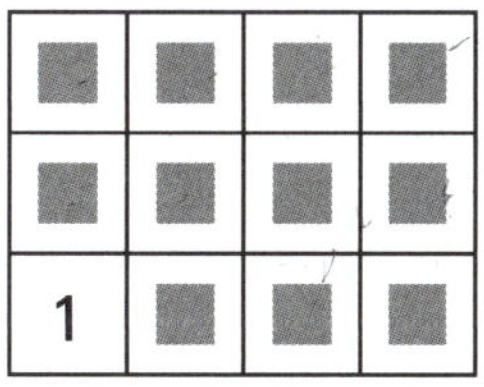

2 Zeichne zu jedem Gebäude einen Bauplan.

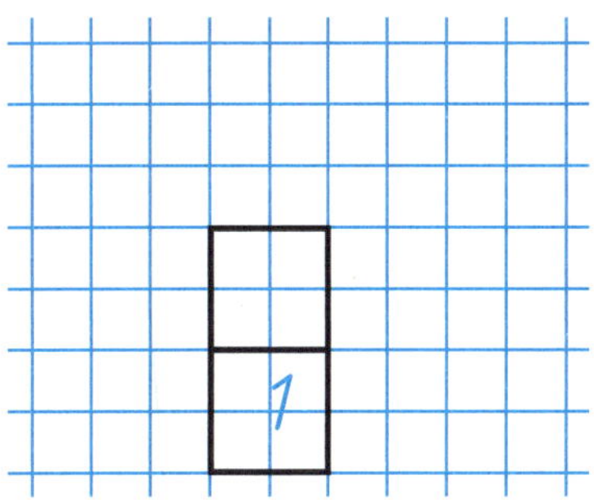
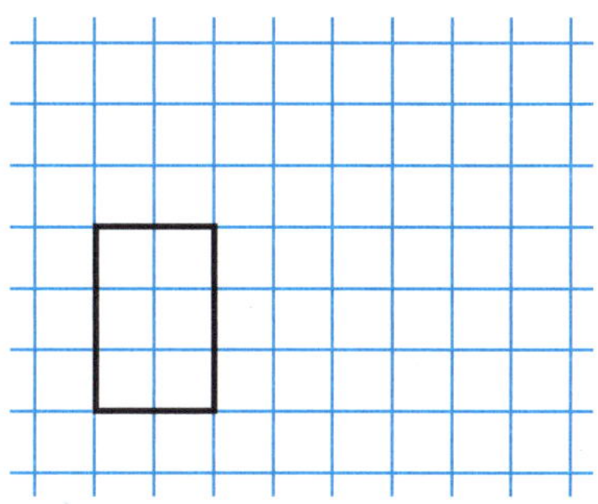
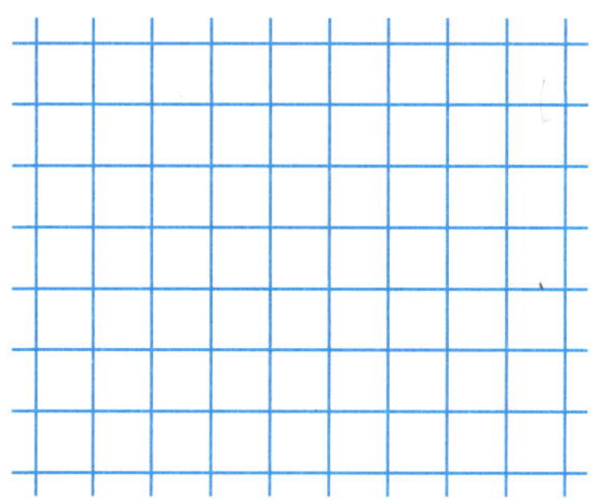

3 Welche 2 Baupläne zeigen jeweils Gebäude mit derselben Form? Verbinde.

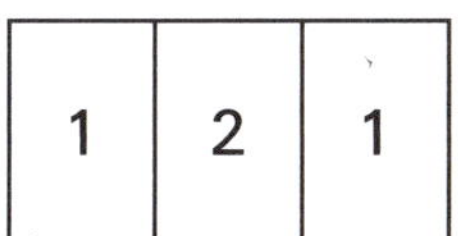

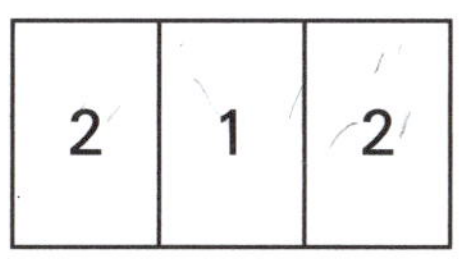

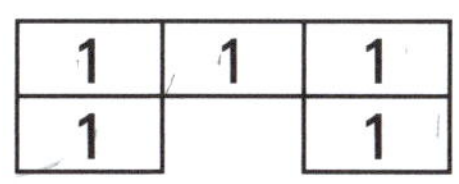

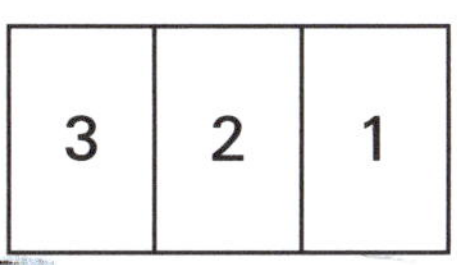

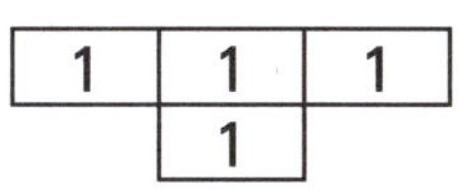

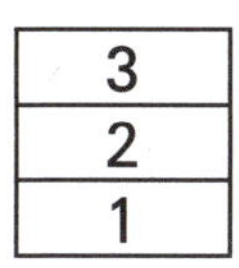

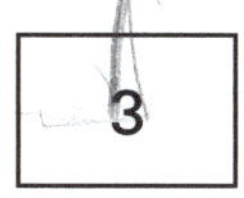

1

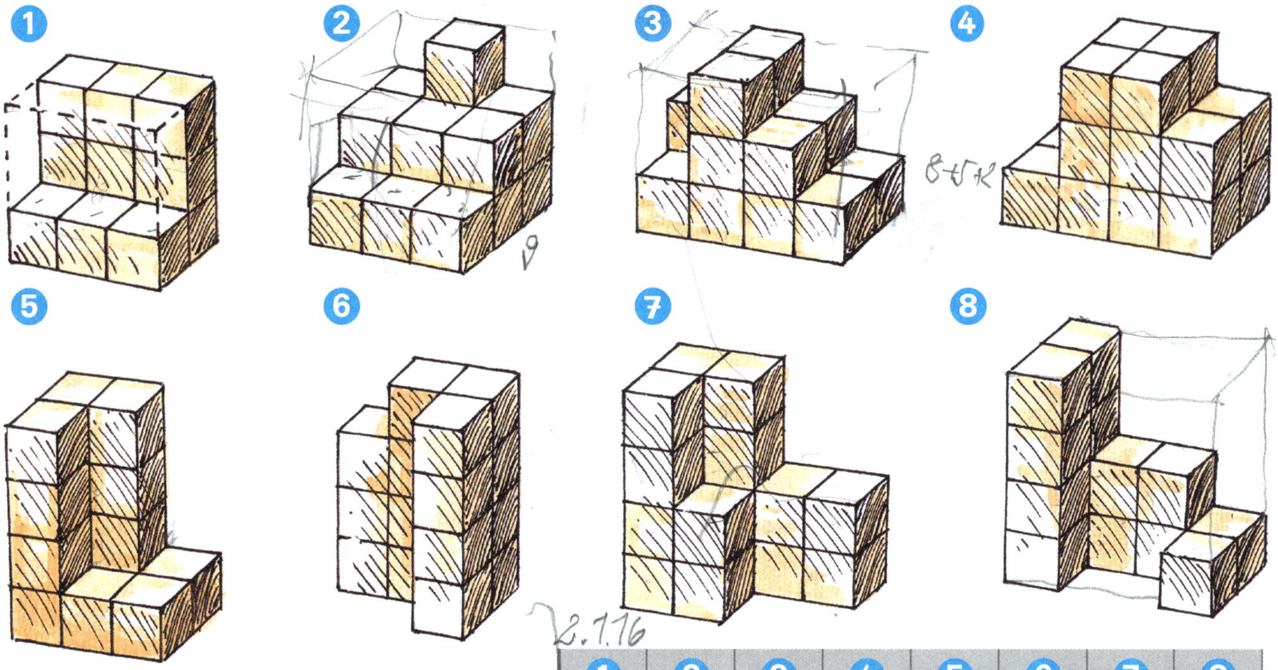

	1	2	3	4	5	6	7	8
Wie viele Würfel brauchst du, um den Körper zu bauen?	12	16	15	18	15	14	18	14
Wie viele Würfel kannst du nicht sehen?	2	4	4	4	4	0	5	2
Wie viele Würfel fehlen mindestens, damit ein Quader entsteht?	6	11	9	6	9	9	14	15

2

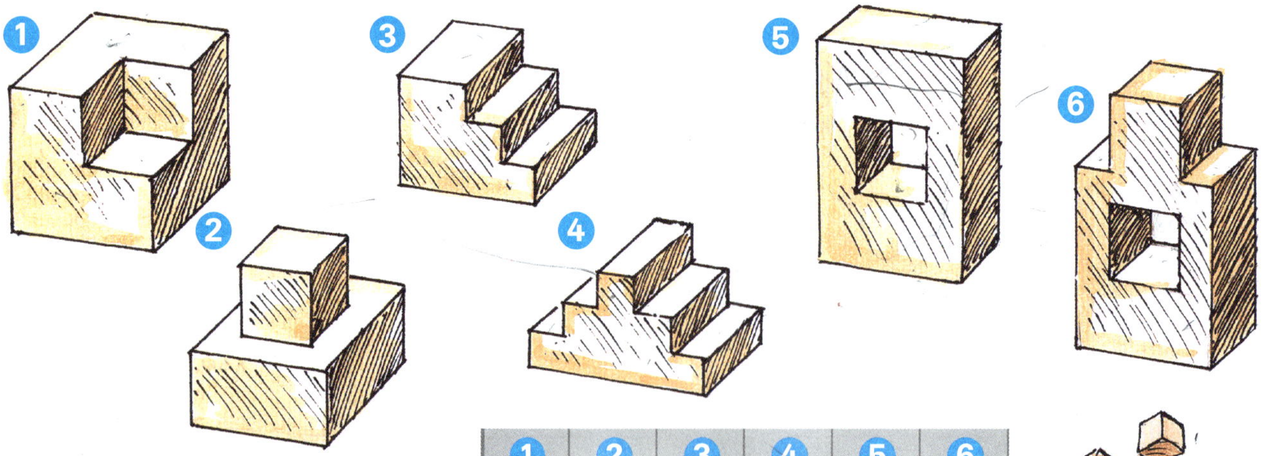

	1	2	3	4	5	6
Wie viele Flächen des Körpers siehst du?	6	6				
Wie viele Flächen kannst du nicht sehen?	3	3				
Wie viele Flächen hat der Körper insgesamt?	9	9			10	

zu Seite
52 und 53

Schriftlich multiplizieren

1

a)

H	Z	E		
1	2	3	·	3

18

H	Z	E		
2	3	3	·	2

16

T	H	Z	E		
3	2	4	1	·	2

20

T	H	Z	E		
1	0	3	2	·	3

18

b)

T	H	Z	E		
4	2	1	9	·	2

23

T	H	Z	E		
1	7	1	3	·	5

24

T	H	Z	E		
1	3	7	4	·	6

18

T	H	Z	E		
3	2	9	8	·	3

30

2 Immer 3 Fische haben dasselbe Ergebnis.

3

312 · 3 =
423 · 2 =
205 · 4 =

2431 · 3 =
1111 · 9 =
4305 · 2 =

4506 · 2 =
1109 · 8 =
721 · 4 =

4 Kreuzzahlrätsel

A 5	4	0	B 9	■
8	■	■	C 9	D 1
■	E 9	F 6	9	0
G 8	3	2	■	0
H 1	0	0	0	0
	■	I 8	4	0

Diese Aufgaben kannst du im Kopf rechnen.

waagerecht →

A 9 · 601
C 7 · 13 91 ✓
E 3230 · 3
G 104 · 8 ✓
H 5 · 2000 ✓
I 140 · 6 ✓

senkrecht ↓

A 29 · 2 ✓
B 9 · 111 ✓
D 2500 · 4 ✓
E 310 · 3 ✓
F 2 · 3104
G 5 · 162

Schriftlich multiplizieren – Fehlersuche

1 Überschlage zuerst und rechne dann genau.

- Ü: 900 · 6 =
  875 · 6
  50
- Ü: · 8 =
  429 · 8
- Ü: · 7 =
  1279 · 7
- Ü:
  186 · 5
- Ü:
  836 · 4
- Ü:
  3328 · 3
- Ü:
  16583 · 5
- Ü:
  24791 · 4

3344
9984 82915
3432 930
8953 5250
99164

2 Finde die 5 Rechenfehler! Rechne diese Aufgaben dann richtig.

239 · 4 ~~8156~~ f 956	548 · 7 3836	5613 · 5 253065	27361 · 3 82083
1483 · 6 8498	790 · 9 684	4958 · 2 9916	18347 · 4 43388

3 Denke an Rechenvorteile und rechne im Kopf.

- 299 · 4 = 1196
- 300 · 4 = 1200
- 398 · 5 = 1990
- 1999 · 5 = 9995
- 2989 · 3 = 8967
- 3996 · 2 = 7992
- 4970 · 2 = 9940

4

Schriftlich multiplizieren mit Kommazahlen

1

a) Für die Schülerbücherei werden 6 neue Tierbücher bestellt. Jedes Buch kostet 12,85 €.

Ü:

15

b) 4 Sachbücher zu je: 14,89 €

Ü:

25

c) 2 Bildbände zu je: 21,75 €

Ü:

12

d) 5 Atlanten zu je: 18,49 €

Ü:

20

e) 8 Abenteuerbücher zu je: 10,58 €

Ü:

22

2

Sonderangebote bei Kostnix! Vergleiche mit dem Einzelpreis.

8,99 € 2,78 € 5,85 €

3

12,69 m · 7

Ü:

27

1,879 km · 4

Ü:

19

Mehrschrittige Aufgaben lösen

zu Seite
58 und 59

1

Familie Steger plant einen Wochenendurlaub während der Schulzeit auf dem Tannenhof.
Die Eltern und ihre neunjährige Tochter Anne möchten von Freitag bis Sonntag bleiben.

a) Wie viel kostet der Urlaub in der Ferienwohnung?

b) Wie teuer ist der Urlaub bei Übernachtung im Doppelzimmer mit Zusatzbett?

Hauptsaison:
alle Schulferien

Nebensaison:
übrige Zeit

Tannenhof
aktuelle Preise:
Ferienwohnung bis 4 Personen
Hauptsaison: 53,90 € pro Nacht
Nebensaison: 38,90 € pro Nacht
Bei Buchung unter 3 Nächten erhöht sich der Preis um 5 € pro Tag.

Zusatzkosten zur Ferienwohnung
Hund: 2,50 € pro Nacht
Endreinigung: 20 €

Die Ferienwohnung kann auch mit Frühstück gebucht werden.
Erwachsene: 4,50 € pro Tag
Kinder bis 10 Jahre: 3,50 € pro Tag

Doppelzimmer mit Frühstück
Hauptsaison: 20,70 € pro Person/Nacht
Nebensaison: 15,80 € pro Person/Nacht

Preise für Kinder bei Übernachtung im Zusatzbett
Hauptsaison: 4 € pro Person/Nacht
Nebensaison: 3 € pro Person/Nacht

Tonne und Kilogramm

1

A3

km/h	240
PS/kW	240/176
0–100 km/h	7 s
ccm	4474
Gewicht	1 450 kg

A1

	208
	177/130
0–100 km/h	9,3 s
ccm	2788
Gewicht	1,2 t

C3

km/h	160
PS/kW	85/60
0–100 km/h	14 s
ccm	1 350
Gewicht	980 kg

D1

km/h	200
PS/kW	177/130
0–100 km/h	10,5 s
ccm	2746
Gewicht	1 610 kg

C1

km/h	160
PS/kW	155/110
0–100 km/h	12 s
ccm	3480
Gewicht	2 t 10 kg

Ordne die Fahrzeuge nach dem Gewicht und trage sie in die Tabelle ein. Beginne mit dem leichtesten.

		t	kg			
C3	___ kg					___ , ___ t

2 Male gleiche Gewichtsangaben mit derselben Farbe an.

12 400 kg | 1,240 t | 124 kg | 0,505 t | 1,24 t | 0,5 t | 1 240 kg | 5 t 50 kg | 505 kg | 5,05 t | 0,124 t | 5 050 kg | $\frac{1}{2}$ t | 500 t | 12,4 t | 500 kg

3 a) Setze die richtigen Gewichtsangaben ein:

Axels Sattelschlepper hat ein Leergewicht von __________ und ein zulässiges Gesamtgewicht von __________. Die Ladung besteht aus 5 Paletten mit Badezimmerfliesen. Jede Palette wiegt __________. Außerdem hat er für eine Schule 15 Schulbänke mit je __________ und dazu 30 Stühle mit je __________ geladen.

44 t | 14,2 t | 3 kg | 10 kg | 0,9 t

b) Wie viel wiegt der Sattelschlepper mit der gesamten Ladung?

Kilogramm und Gramm

1

Wassermelone

1 $\frac{1}{4}$ kg

10 g

Ananas

9 $\frac{1}{2}$ kg

2,5 kg

Kürbis

180 g

Walnuss

Apfel

		kg	g			
Kürbis	g					, kg

a) Was gehört zusammen? Male mit derselben Farbe an.

b) Ordne nach dem Gewicht und trage in die Tabelle ein. Beginne mit dem Schwersten.

2

Ordne nach dem Gewicht und trage in Kommaschreibweise in die Kästchen ein. Beginne mit dem Leichtesten.

$\frac{1}{4}$ kg (F)

25 g (P)

250 kg (E)

25 000 g (M)

2 075 kg (N)

2 kg 50 g (A)

$\frac{1}{2}$ kg (L)

2 500 g (U)

	○
	○
	○
	○
	○
	○
	○
	○

3

Überprüfe die Aussagen. Male falsche Aussagen rot und richtige grün an.

3 Äpfel wiegen etwa ein Kilogramm.

Eine Wassermelone wiegt ungefähr so viel wie zwei Ananas.

400 Wassermelonen wiegen ungefähr eine Tonne.

Wer jeden Tag einen Apfel isst, braucht im Jahr 100 Kilogramm Äpfel.

Eine Wassermelone wiegt ungefähr so viel wie 250 Walnüsse.

Kürbis schmeckt lecker!

Schriftlich dividieren

1 Wie heißt das Lösungswort? Schreibe zu jeder Aufgabe den Lösungsbuchstaben.

8628 : 6 = ☐

9891 : 3 = ☐

9000 : 3 = 3000
600 : 3 = 200
180 : 3 = 60
~~111~~ : 3 = 37

9884 : 4 = ☐

51496 : 8 = ☐

67338 : 9 = 3297 ☐

2855 : 5 = ☐

7456 : 4 = ☐

44148 : 6 = ☐

5901 : 7 = ☐

R	F	EI	E	E	H	R	L	F
7358	1438	843	7482	3297	2471	571	6437	1864

2 Was kommt ungefähr heraus? Überschlage und verbinde.

12261 : 3
Ü:

19810 : 5
Ü:

7407 : 9
Ü:

19224 : 6
Ü:

800 3000 4000

Mit Nullen schriftlich dividieren

zu Seite 66

1 Achtung, eine Null im Ergebnis.

Ü:

9612 : 4 =

P: ____ · 4

Ü:

6174 : 3 =

P: ____

Ü:

2163 : 7 =

P: ____

2

56320 : 8 =

11

22200 : 6 =

10

36810 : 9 =

13

32024 : 4 =

14

3

a) Herr Miller möchte sich ein neues Fernsehgerät kaufen. Bei einer Zahlung in 5 Monatsraten kostet das Gerät 1540 €.

b) Um die 1254 Eier seiner 630 Hühner auf dem Markt zu verkaufen, verpackt Bio-Bauer Schmitz diese in 6er-Kartons.

zu Seite
68 und 69

Schriftlich dividieren mit Kommazahlen und mit Rest

1

2

4 Aufgaben sind falsch. Finde sie mit dem Überschlag. Rechne dann richtig.

2436 : 8 = 304 Rest 4

1528 : 5 = 445 Rest 2

7352 : 4 = 1838

7129 : 9 = 893

3290 : 8 = 511 Rest 2

1471 : 3 = 290 Rest 1

Ü:

Ü:

Ü:

Ü:

Mathe-König 2

1

	33 000								
	7 500	10 000							
	5 000			4 000					

	5 200			
		2 500		
	1 400			
900		800		

2 Suche Multiplikations- und Divisionsaufgaben.
Kreise sie ein und schreibe sie auf.

11	7	77	96	0	113	850
55	34	100	3	450	90	5
666	238	5	32	78	14	170
372	6	62	194	560	8	70
18	29	310	28	4	112	953

11 · 7 = 77

3 Marie und Linda haben zusammen 175 € gespart. Marie hat 43 € mehr als Linda.
Wie viel Geld hat jede von ihnen?

Marie: ____

Linda: ____

4

waagerecht

A 140 + 355
C 98 mehr als 570
F 5 · 20 – 3
G die Hälfte von 8 888
H 9 · 900 + 127
J Neunerzahl
K 5H 1E 8T 6Z
M 100 000 – 400
O alle Ziffern gleich

A	B		■	C	D	E
F		■	G			
H		I		■	J	
	■	K		L		■
M					■	N
■	■		■	O		

senkrecht

A Vorgänger von 49 840
B 1 000 – 28
C 4 · 4 · 4
D 3 500 + 2 971
E 421 · 2
G 800 · 7 – 850
I 1 432 verdoppeln
L 1 204 : 2
N 239 – 207

5 Streiche falsche Zahlen weg.

durch 5 ohne Rest teilbar
85 70 210 905 435 92 390 16 001

durch 10 ohne Rest teilbar
279 3 020 905 860 6 370 0 516 44 440

durch 3 ohne Rest teilbar
84 3 9 009 57 455 71 666 103 234

zu Seite 74

Grafische Lösungshilfen nutzen

1 Beate will ihre Katze wiegen. Die bleibt jedoch nicht auf der Waage sitzen. Beate stellt sich deshalb zuerst alleine auf die Waage und liest ihr Gewicht ab (36 kg). Dann nimmt sie die Katze auf den Arm, stellt sich wieder auf die Waage und liest 40,6 kg ab.
Wie schwer ist die Katze?
Ergänze die Skizze, rechne im Kopf und antworte.

2 Herr Schmidt will sein Gartengrundstück mit einem Maschendrahtzaun einzäunen. Dazu setzt er alle 2 m einen Zaunpfosten und montiert eine Gartentür (1 m breit) und ein Tor (4 m breit) für die Einfahrt.
Wie viele Pfosten und wie viele Meter Maschendrahtzaun benötigt er?

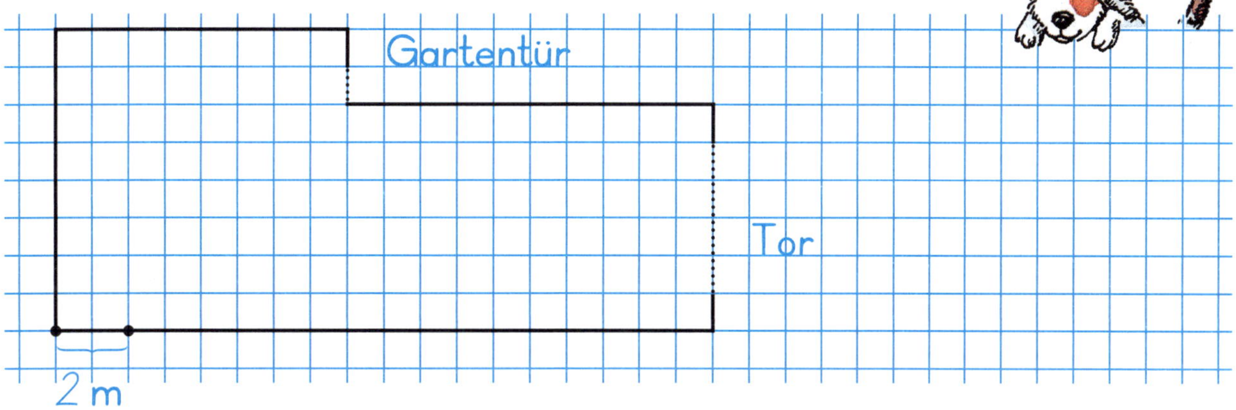

Zeichne die Pfosten ein, rechne und beantworte die Frage.

3 Markus springt 2,80 m. Ludwig springt 24 cm weiter als Florian und 18 cm weiter als Hannes. Florian springt 32 cm weiter als Markus.
Welche Länge ergeben alle 4 Sprungweiten zusammen?
Zeichne eine Skizze, rechne und antworte.

Lösungshilfen auswählen und nutzen

1

a) Die 13 Sprossen einer Leiter sind jeweils im Abstand von 35 cm zueinander angebracht.
Wie lang ist die Leiter, wenn die erste und die letzte Sprosse je 25 cm von den Enden entfernt sind?
Erstelle eine einfache Skizze, rechne und antworte.

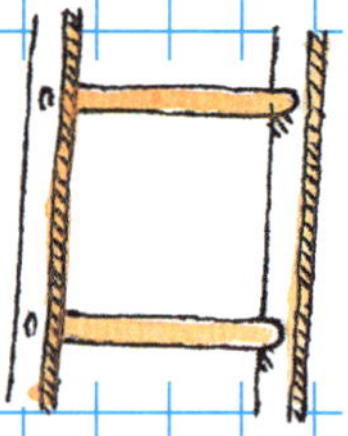

b) Eine 2,10 m hohe Leiter, deren erste und letzte Sprosse auch je 25 cm von den Enden entfernt sind, hat insgesamt 5 Sprossen.
Welchen Abstand haben sie zueinander?

2

Bei einer Lotterie erhalten die ersten drei Gewinner insgesamt 100 000 €. Der erste Preis beträgt 55 000 €. Der dritte Preis ist halb so hoch wie der zweite.
Welche Gewinne erhalten der zweite und der dritte Gewinner?

3

Ein Sportgeschäft hatte 360 Bälle auf Lager. Im vergangenen Monat wurden 36 Bälle mehr verkauft, als im Lager zurückblieben. Wie viele Bälle wurden verkauft?

1 Frau Engelhardt fährt mit dem Auto zu ihrer Freundin nach Köln. Bei der Abfahrt zeigt der Kilometerzähler 54 347 km.

In welcher Reihenfolge kannst du die Fragen zum Text beantworten?
Welche weitere Information brauchst du zur Beantwortung der Fragen?
Trage den passenden Buchstaben ein, rechne und antworte.

☐ Wann kommt sie bei ihrer Freundin an?

☐ Wie lange ist sie unterwegs?

☐ Wie weit ist sie gefahren?

A Bei der Ankunft zeigt der Kilometerzähler 54 557 km.

C Sie fährt im Durchschnitt 70 km in einer Stunde.

B Sie fährt um 12.15 Uhr zu Hause los.

2 Unterstreiche alles, was du zur Lösung der Aufgabe brauchst.

Kim besucht ihre 70 Jahre alte Oma in Leulitz. Sie fährt bei sonnigem Wetter um 14.30 Uhr von zu Hause mit dem Bus los und kommt um 17.18 Uhr bei ihrer Oma an.
Wie lange war sie unterwegs?

3 Ein Zug fährt planmäßig um ____________ ab und kommt ____________________ mit einer ________________ von 12 min am Zielbahnhof an. Dabei legt er ______________________ 80 km in der Stunde zurück.

Welche Informationen passen in den Text? Trage ein.

Fahrgäste | Fahrzeit | durchschnittlich | täglich | nach 5 h 40 min | Verspätung | 11.36 Uhr

Lösungsstrategien entwickeln

1 Hanna ist doppelt so alt wie ihr Bruder Max. Ihre Schwester Klara ist 2 Jahre jünger als Max. Alle zusammen sind 26 Jahre alt. Wie alt sind Hanna, Max und Klara jeweils?

Hanna	Max	Klara	zusammen

2 Murat verkauft auf dem Flohmarkt seine alten Hörspielkassetten im Zweier- und im Fünferpack. Von den Packungen mit 2 Kassetten bietet er drei mehr an als von den Packungen mit 5 Kassetten.

Wie viele Packungen mit 2 Kassetten und wie viele mit 5 Kassetten sind es, wenn er insgesamt 34 Kassetten verkaufen will?

Zweierpacks	Fünferpacks	Kassetten insgesamt

3 Anna-Lena möchte sich 3 leere Videokassetten kaufen. Im Elektronikmarkt gibt es viele Angebote von Kassetten in vergleichbarer Qualität. Ihr Bruder Justus sagt: „Nimm ruhig eine größere Packung, wenn das günstiger ist. Ich kaufe dir die übrigen Kassetten ab."

a) Welches Angebot wählt Anna-Lena?

b) Muss Justus ihr noch Kassetten abkaufen? Wenn ja, wie viel muss er dann bezahlen?

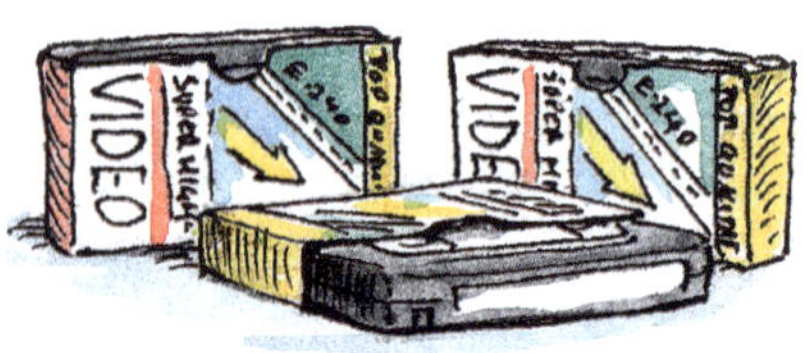

Mit dem Geodreieck zeichnen

1

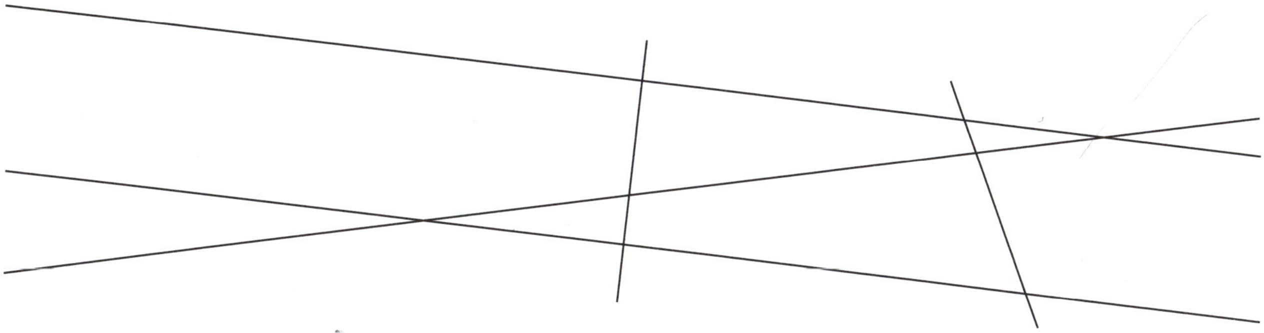

a) Zeichne ein Dreieck mit einem rechten Winkel blau nach.

b) Zeichne ein Viereck mit zwei parallelen Seiten rot nach.

2

Zeichne die Rechtecke fertig.

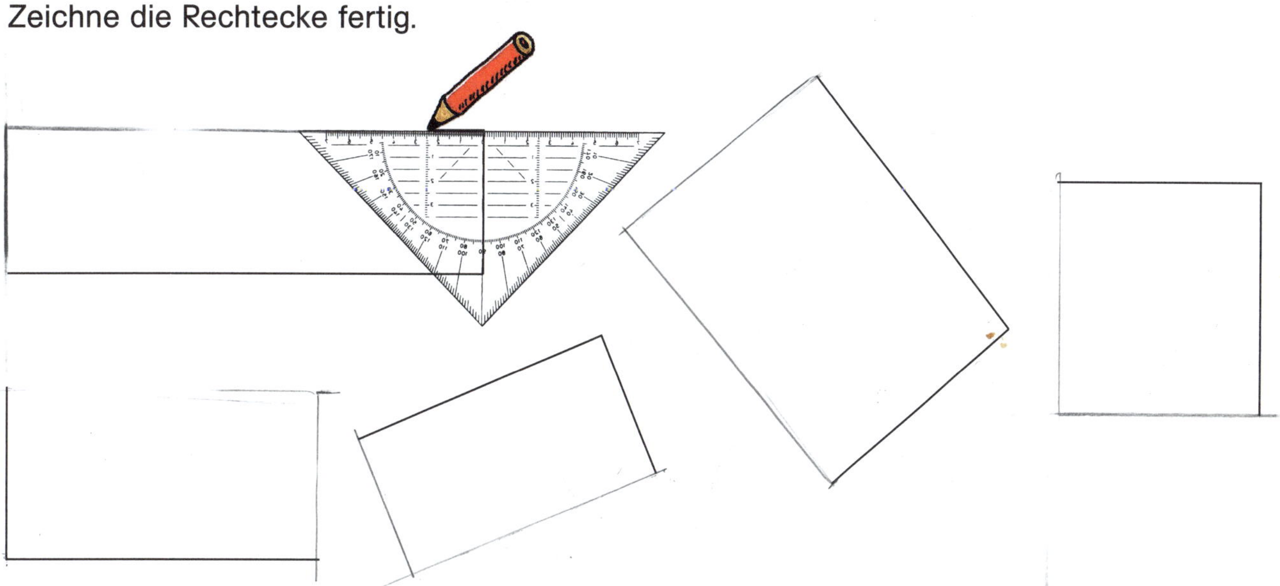

3

Mit dem Zirkel zeichnen

zu Seite
80 und 81

1

a) Zeichne die Figuren doppelt so groß und male sie aus.

b) Zeichne 3 eigene Figuren.

2

Setze die Bandornamente fort und male sie aus. Zeichne ein eigenes Bandornament.

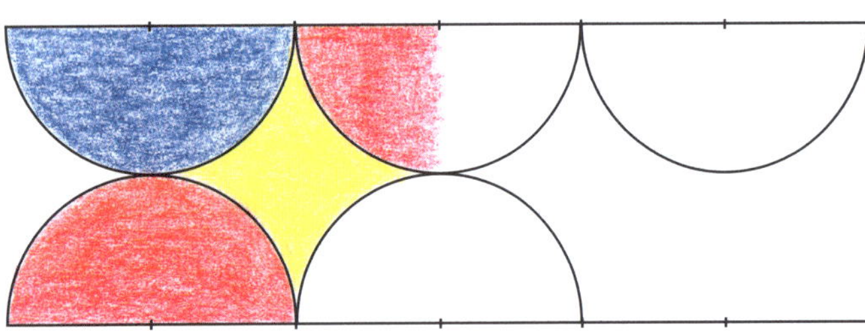

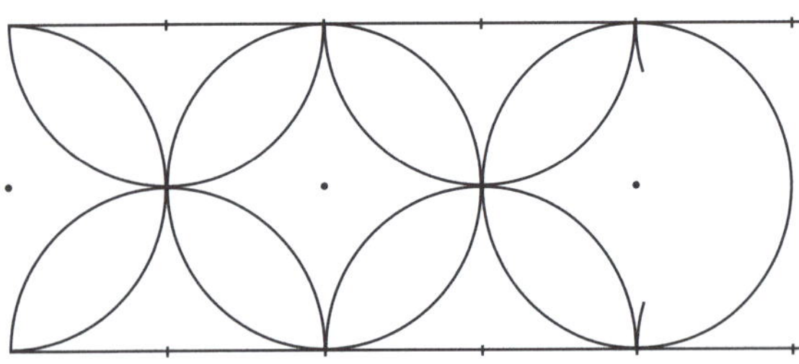

Zahlen bis 1 000 000

1 Zerlege.

236 458 = 2HT+3ZT ______
197 007 = ______
721 349 = ______
500 640 = ______
456 370 = ______
808 101 = ______

2

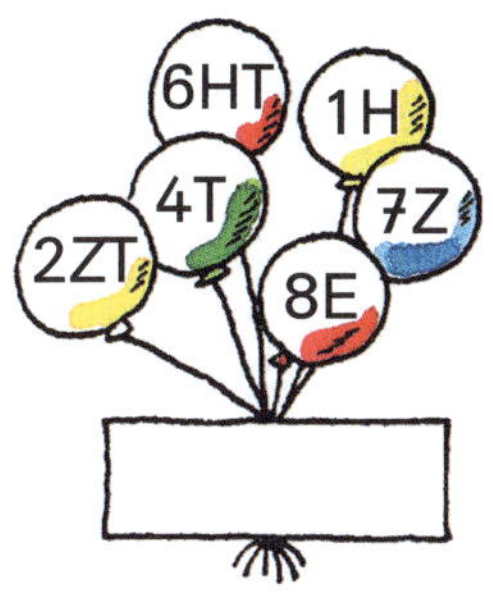

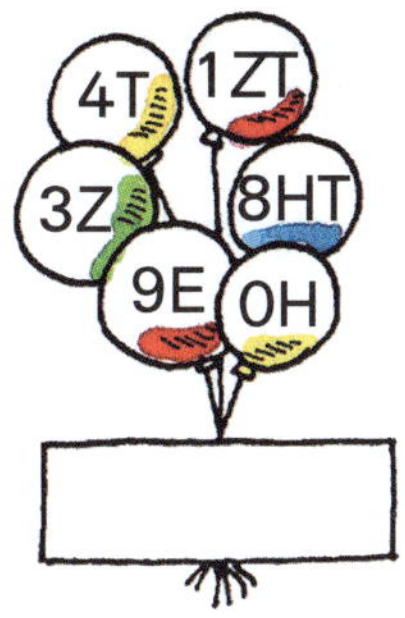

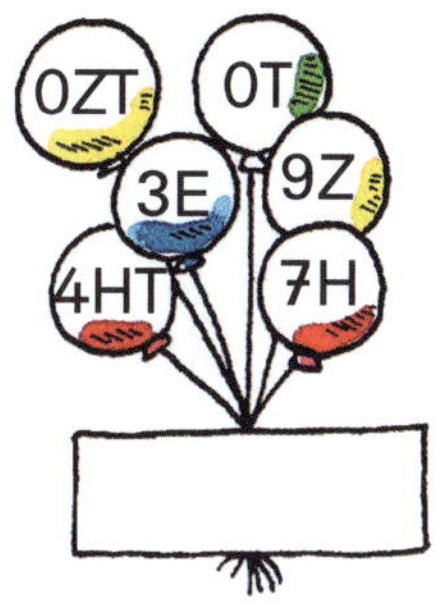

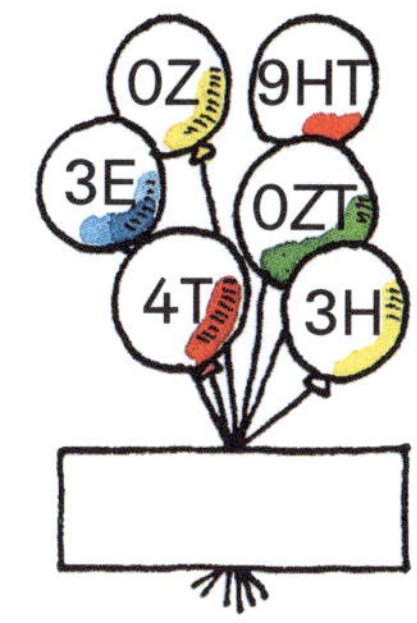

3 Bilde sechsstellige Zahlen. Suche jeweils die kleinste und die größte Zahl.

a) 4 8 1 5 3 9

b) 2 0 9 7 1 6

c) 5 2 0 5 8 0

d) Welche anderen Zahlen lassen sich mit den Ziffern 4 8 1 5 3 9 noch bilden? Schreibe 6 Zahlen auf.

4

a) Wie lang wird etwa die Strecke, wenn 1 000 000 Mathebücher aneinandergelegt werden? Miss die Länge deines Buches und rechne dann mit gerundeten Zahlen.

b) Wie hoch wird der Turm, wenn die Bücher übereinander liegen?

5

900 000		
600 000	100 000	
200 000		400 000
	350 000	250 000
	150 000	

700 000		
100 000		450 000
	350 000	250 000
150 000	550 000	
		300 000

1 000 000		
	280 000	600 000
540 000		320 000
160 000	250 000	
490 000		

Zahlenstrahl

zu Seite 84

1

357 000	376 000	382 000	390 000	400 000	415 000	431 000	445 000

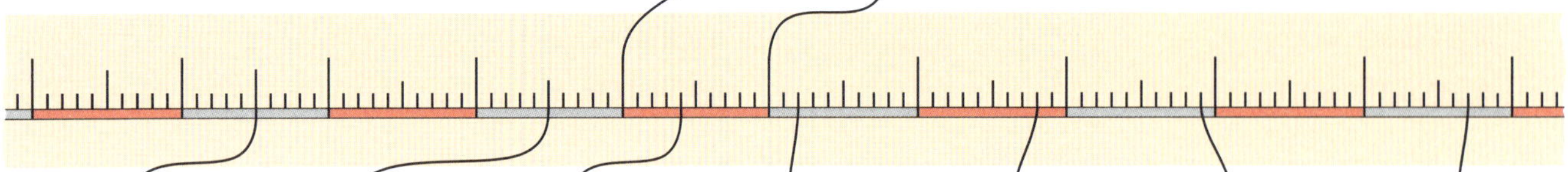

2 Setze die Zahlenfolgen fort.

231 000	235 000	239 000					
783 000	774 000	765 000					
908 600	908 200	907 800					

3

a)

V	Zahl	N
416 371	416 372	
	767 650	
	890 910	
609 999		
		200 001

b)

NT	Zahl	NT
184 000	184 303	
	967 240	
	210 555	
	799 458	
	800 004	

4 Wie heißen die Nachbarzehntausender?

a) 280000 – 285 631 – ___

b) ___ – 307 405 – ___

c) ___ – 520 760 – ___

d) ___ – 499 211 – ___

e) ___ – 999 666 – ___

f) ___ – 909 345 – ___

5 Ordne nach der Größe.

367 214

Zahlenstrahl

1

399 630 | 399 700 | 399 790 | 399 900 | 400 000 | 400 100 | 400 330 | 400 510

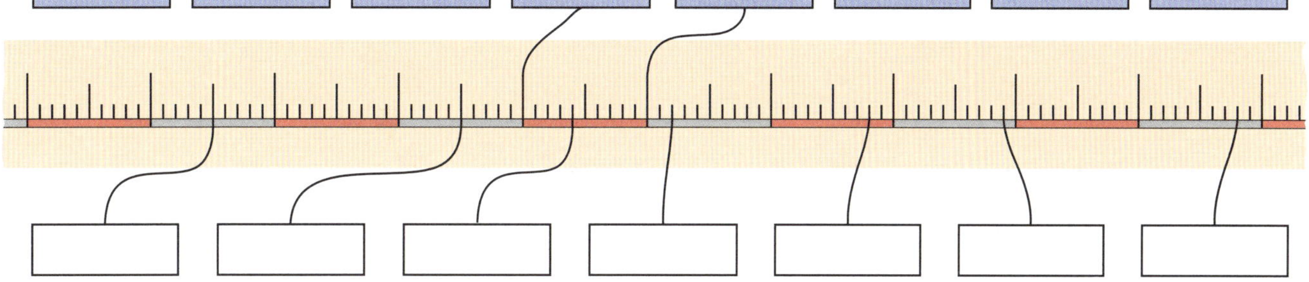

2 Ergänze zum nächsten Hunderttausender.

430 000 +	70 000	=	500 000	
760 000 +		=		
310 000 +		=		
250 000 +		=		
820 000 +		=		
140 000 +		=		
990 000 +		=		
680 000 +		=		

3

a) Welche Zahlen sind größer als 475 698 und kleiner als 475 704?

b) Welche Zahlen sind größer als 404 399 und kleiner als das Doppelte von 202 202?

c) Welche Zahlen sind größer als die Hälfte von 666 666 und kleiner als 333 339?

4

Runde auf Hunderttausender:

212 600 ≈ 200 000
460 000 ≈
563 000 ≈
948 400 ≈
686 100 ≈

Runde auf Zehntausender:

642 100 ≈
818 000 ≈
146 400 ≈
491 007 ≈
503 990 ≈

Runde auf Tausender:

643 790 ≈
999 600 ≈
348 410 ≈
567 300 ≈
798 500 ≈

5 Welche Zahlen könnten gerundet worden sein? Schreibe jeweils die kleinste und die größte Zahl auf.

a) gerundet auf Zehner

gerundete Zahl	kleinste Zahl	größte Zahl
305 680	305 675	305 684
174 390		
629 100		
200 000		

b) gerundet auf Zehntausender

gerundete Zahl	kleinste Zahl	größte Zahl
470 000	465 000	474 999
520 000		
930 000		
800 000		

1

51	62		75
		66	
	55		50
	67	59	

242

104			128
124		119	
127			103
	120	112	

454

225		250	230
246			
238		245	
	229		254

958

2

Suche Rechenaufgaben.
Kreise sie ein und schreibe sie auf.

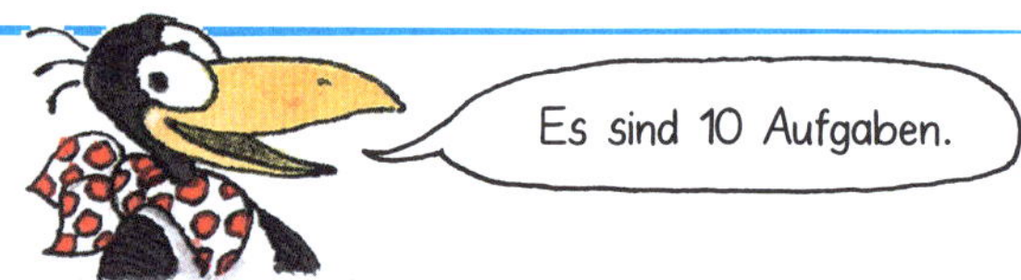

720	65	397	50	6	300	49
80	314	394	808	35	888	13
9	252	3	11	671	4	667
15	7	105	797	77	222	299
118	43	61	9	549	16	0

720 : 80 = 9

3

Nico hat in 3 Beuteln insgesamt 106 Murmeln. Er nimmt aus einem Beutel 13 Murmeln und aus einem anderen 9 Murmeln heraus. Nun sind in allen 3 Beuteln gleich viele Murmeln.
Wie viele Murmeln waren vorher in jedem Beutel?

Beutel 1:
Beutel 2:
Beutel 3:

4

waagerecht

- **A** 6100 + 2147
- **D** 315 : (57 – 48)
- **F** 40 · 800 + 805
- **H** 4 weniger als 57100
- **J** 8 · 54 – 27 · 3
- **K** 10000 : 10 – 35
- ... 7821
- ... 430850
- **Q** Achterzahl
- **R** 707 · 3

A		B	C	■	D	E
	■	F		G		
H	I				■	
J			■	K	L	
M			N			■
■	O					P
Q		■	R			

senkrecht

- **A** 6E 3T 3Z 5H 8ZT
- **B** 74 mehr als 430099
- **C** 9 · 9 · 9
- **D** 90000 : 3000
- **E** alle Ziffern gleich
- **G** 869195 + 86
- **I** Nachfolger von 75541
- **L** 7000 – 858
- **N** die Hälfte von 1604
- **P** 273 : 3

Rechnen bis 1000 000

1

a)

+	30	700	9000
148 000			
539 358			
708 280			
463 540			

b)

−	60	400	800
504 000			
247 600			
318 500			
739 446			

c)

	− 40	+ 600	− 7000
329 340			
684 200			
921 080			
734 600			

d)

	+ 90	− 70	− 500
649 300			
316 540			
828 480			
286 420			

2

Qs 22

14 000			
		238 600	
6 300	700		

Qs 32

18 000		29 980	
	6 000	14 900	

3

a) 6 · 70 000 = ___
8 · 50 000 = ___
3 · 60 000 = ___
4 · 80 000 = ___

E: 603 000, 248 000, 560 000, 24 000

b) 5 · 28 000 = ___
7 · 18 000 = ___
9 · 67 000 = ___
8 · 39 000 = ___

H: 180 000, 120 000

T: 90 000

K: 200 000

Ü: 40 000

c) 52 000 · 7 = ___
74 000 · 5 = ___
62 000 · 4 = ___
29 000 · 3 = ___

R: 370 000, 64 000

d) 20 · 6 000 = ___
70 · 8 000 = ___
90 · 7 000 = ___
40 · 5 000 = ___

C: 400 000, 87 000

L: 25 000

B: 320 000

I: 420 000, 140 000, 312 000

!: 83 000

S: 30 000

N: 126 000, 364 000, 630 000, 60 000

e) 240 000 : 6 = ___
420 000 : 7 = ___
270 000 : 9 = ___
540 000 : 6 = ___

f) 150 000 : 6 = ___
168 000 : 7 = ___
256 000 : 4 = ___
415 000 : 5 = ___

Löse der Reihe nach und trage die Buchstaben ein.

☐☐☐ ☐☐☐ ☐☐☐ ☐☐☐☐☐☐☐☐☐☐☐☐☐☐ ☐

Rechnen bis 1 000 000

1

a)
400 · 700 = ___ 10
900 · 800 = ___ 9
600 · 400 = ___ 6
500 · 600 = ___ 3
700 · 700 = ___ 13

b)
3 000 · 200 = ___ 6
8 000 · 70 = ___ 11
6 000 · 80 = ___ 12
2 000 · 900 = ___ 9
7 000 · 60 = ___ 6

c)
420 000 : 70 = ___ 6
720 000 : 80 = ___ 9
270 000 : 30 = ___ 9
540 000 : 90 = ___ 6
640 000 : 40 = ___ 7

d)
400 000 : 800 = ___ 5
490 000 : 700 = ___ 7
160 000 : 400 = ___ 4
360 000 : 600 = ___ 6
240 000 : 300 = ___ 8

2 Rechne schriftlich.

	+ 173 206	− 308 917
648 293		
539 350		
708 280		
463 540		

	− 538 297	− 200 038
806 423		
999 099		
730 562		
689 023		

3 Bei einem Konzert wurden 2 000 Karten zu je 50 € und 1 000 Karten zu je 65 € verkauft. Wie viele günstige Stehplatzkarten zu je 40 € wurden verkauft, wenn die Gesamteinnahmen 213 000 € betrugen?

Diagramme auswerten

1 Erstelle zu den Zuschauerzahlen der verschiedenen Sendungen ein Diagramm.
Überlege, für wie viele Zuschauer du ein Kästchen verwendest.

Sendungen am Montag	Zuschauerzahlen
Euro-Pizza	90 000
Kleine Geschichten von wilden Tieren	50 000
Lokalnachrichten	120 000

Euro-Pizza

Kleine Geschichten …

Lokalnachrichten

2 Das Diagramm zeigt die Höchst- und die Tiefsttemperaturen der Tage einer Woche an.
Lies die Temperaturen im Diagramm ab und übertrage sie in die Tabelle.

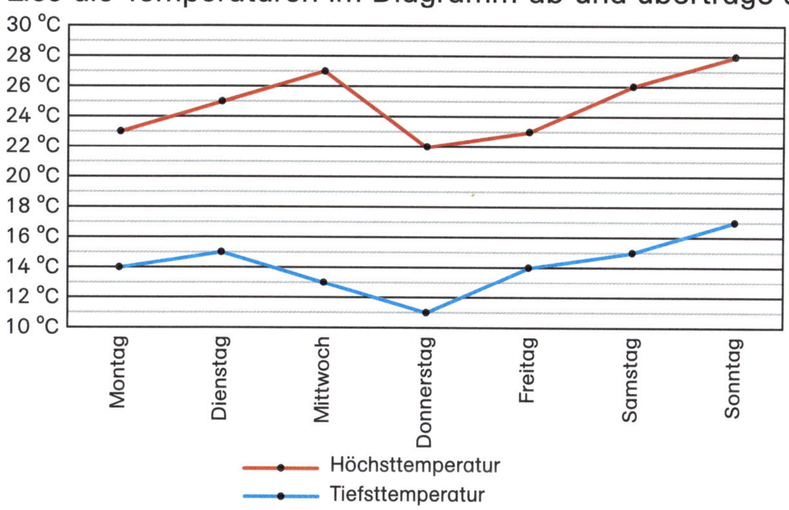

Tag	Höchst-temperatur	Tiefst-temperatur
Montag		
Dienstag		
Mittwoch		
Donnerstag		
Freitag		
Samstag		
Sonntag		

3 Junge und alte Menschen in Deutschland schauen unterschiedlich lange fern.
Von Montag bis Sonntag sehen sie durchschnittlich so viele Minuten:

3 – 13 Jahre: 93 min
30 – 49 Jahre: 203 min
ab 65 Jahre: 278 min
14 – 29 Jahre: 142 min
50 – 60 Jahre: 246 min

Erstelle ein Diagramm. Runde und überlege, für wie viele Minuten ein Kästchen steht.

Dreierketten bilden

1 Marcos Eltern kaufen einen LCD-Fernseher, der bei Barzahlung 1 498 € kostet. Sie zahlen 500 € sofort an, den Restbetrag zahlen sie in 12 Monatsraten.
Eine Rate beträgt 94 €.
Wie viel müssen sie beim Ratenkauf mehr bezahlen?
Setze zuerst die passenden Rechenzeichen ein und löse dann.

Höhe einer Rate	◯	Anzahl der Raten	◯	Gesamtbetrag der Raten
Anzahlung	◯	Gesamtbetrag der Raten	◯	Gesamtpreis

2 Das Musikhaus Monk bietet zwei Möglichkeiten zur Ratenzahlung eines Keyboards an.
Welches der beiden Angebote ist vom Gesamtpreis her günstiger?

Angebot A:
Anzahlung 500 €
20 Monatsraten je 89 €

Angebot B:
Anzahlung 750 €
20 Monatsraten je 69 €

3 Ergänze die fehlenden Begriffe und Rechenzeichen in den Dreierketten.

Preis bei Ratenkauf	◯		◯	Preisunterschied
	◯	Gesamtbetrag der Raten	◯	Preis bei Ratenkauf
Gesamtbetrag der Raten	◯	Anzahl der Raten	◯	

Schriftlich multiplizieren mit zweistelligen Zahlen

1

Welcher Anhänger gehört zu welchem Schlüssel? Rechne und suche die Ergebniszahl am Schlüsselbrett. Schreibe die Nummer des Schlüssels in den Ring am Anhänger. Für zwei Anhänger gibt es keinen Schlüssel.

2

Immer 2 Aufgaben haben dasselbe Ergebnis.

689 · 82 | 718 · 64 | 992 · 72 | 705 · 94

1984 · 36 | 1410 · 47 | 1436 · 32 | 1378 · 41

3

Einige Aufgaben sind falsch. Finde die richtigen Aufgaben mit dem Überschlag und kreuze sie an.

- 7008 · 43 = 401 344
- 602 · 98 = 58 996
- 317 · 57 = 18 069
- 9063 · 73 = 531 599
- 4897 · 29 = 102 013
- 2904 · 61 = 277 144

Schriftlich multiplizieren

zu Seite 95 und 96

1

Ich heiße ____.

356 · 84

420 · 74

837 · 40

795 · 81

Ich heiße ____.

932 · 49

1674 · 20

472 · 17

543 · 98

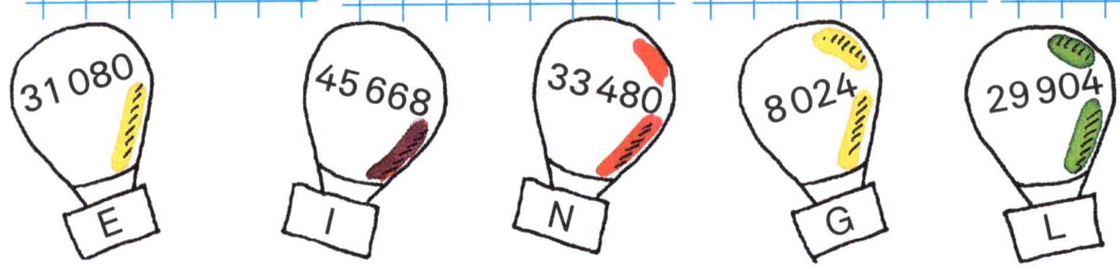

2

Achtung Nullen!

268 · 342

149 · 560

270 · 198

283 · 308

2900 · 32

503 · 780

299 · 607

3 Einige Aufgaben sind falsch. Finde die richtigen Aufgaben mit dem Überschlag und kreuze sie an.

- 1 905 · 52 = 99 060 ○
- 930 · 96 = 69 280 ○
- 2 156 · 28 = 70 368 ○
- 389 · 304 = 218 256 ○
- 307 · 89 = 17 323 ○
- 273 · 179 = 48 867 ○

zu Seite 99

1

a) 375 + 205 = ___	b) 1 000 − 720 = ___	c) 1 990 + ___ = 2 030
5 300 + ___ = 6 100	4 800 − ___ = 3 900	6 540 − ___ = 6 470
___ + 900 = 8 200	___ − 240 = 7 000	___ + 290 = 580
1 755 + ___ = 2 000	___ − 610 = 5 200	___ − 480 = 3 200

d) 30 · 200 = ___	e) 2 000 : 400 = ___	f) 700 · ___ = 7 700
___ · 500 = 3 500	8 100 : ___ = 900	4 600 : ___ = 2 300
4 500 · ___ = 9 000	___ : 50 = 80	___ : 800 = 9
___ · 440 = 8 800	4 200 : ___ = 600	___ · 250 = 5 000

2

a) Ich denke mir eine Zahl,
multipliziere sie mit 7,
subtrahiere 45,
addiere 125
und erhalte die Zahl 500.

b) Ich denke mir eine Zahl,
addiere 121,
dividiere durch 4,
subtrahiere 68
und erhalte die Zahl 2.

a) ☐ —· 7→ ☐ —− 45→ ☐ —+ 125→ 500

☐ ←___— ☐ ←___— ☐ ←− 125— 500

b) ☐ —___→ ☐ —___→ ☐ —___→ ☐

☐ ←___— ☐ ←___— ☐ ←___— ☐

3 Wie heißen die gedachten Zahlen?

a) Wenn ich das Doppelte einer Zahl
durch 5 dividiere,
dann mit der Hälfte von 16 multipliziere
und durch 10 dividiere,
erhalte ich die Zahl 56.

b) Wenn ich die Hälfte einer Zahl
mit 3 multipliziere,
dann das Doppelte von 72 addiere
und 809 subtrahiere,
erhalte ich die Zahl 1.

c) Ich denke mir 2 verschiedene dreistellige Zahlen. Jede Zahl hat als Zehner eine 3 und ihre Quersumme ist 6. Die Summe beider Zahlen ist größer als 500.

d) Ich denke mir 3 vierstellige Zahlen. Jede Zahl hat als Tausender eine 7 und die Quersumme 10. Die Summe der 3 Zahlen ist kleiner als 21 143.

Schriftlich dividieren durch Zehnerzahlen

zu Seite 100

1 Was kommt ungefähr heraus? Überschlage.

9810 : 30
Ü:

8960 : 70
Ü:

41220 : 90
Ü:

68320 : 80
Ü:

8760 : 40
Ü:

52020 : 60
Ü:

2 Immer 2 Aufgaben haben dasselbe Ergebnis.

5640 : 30 =

19320 : 70 =

16560 : 60 =

9850 : 50 =

16920 : 90 =

7880 : 40 =

3 Herr Brandner will sich ein neues Auto für 19989 € kaufen. Für sein altes Auto bekommt er 5379 €. Den Rest möchte er in 30 gleichen Monatsraten bezahlen.

Schriftlich dividieren

1

2

3

a) Wenn ich meine Zahl mit 15 multipliziere, erhalte ich 3855. **Qs 14**

b) Wenn ich meine Zahl durch 9 dividiere und dann mit 12 multipliziere, erhalte ich 10752. **Qs 18**

1 Julian und Leonie sind Zwillinge. Anna und Sophie sind ebenfalls Zwillinge. Das erste Zwillingspaar ist 2 Jahre älter als das zweite. Insgesamt sind die 4 Kinder 40 Jahre alt.

Julian	6								
Leonie	6								
Anna	8								
Sophie	8								
zusammen	28								

2 Elmar Geizkragen sammelt Kerzenstummel. Aus je 9 Kerzenstummeln gießt er wieder eine neue Kerze. Wie viele Kerzen kann er aus 513 Stummeln herstellen, wenn er auch weiterhin Kerzen abbrennt und aus den Stummeln wieder neue Kerzen herstellt?

3 Petras Halskette ist in vier Teile mit je 3 Ringen zerrissen. Der Juwelier, bei dem sie die Kette reparieren lassen will, verlangt für das Öffnen des Ringes 1 € und für das Zusammenlöten eines Ringes auch 1 €. Petra hat nur 6,50 € dabei. Kann sie die Reparatur bezahlen?

4 Gerald und Henning wohnen 102 km voneinander entfernt. Um 9.00 Uhr fahren beide von zu Hause aus mit dem Fahrrad los und radeln einander entgegen. Gerald fährt 16 km je Stunde, Henning 18 km.

a) Wann treffen sich beide?

b) Wie weit von Geralds Wohnung entfernt treffen sie sich?

Informationen verarbeiten

1 In der letzten Stunde sind an der Liftkasse diese Karten verkauft worden.

a) Wie viele Fahrscheine wurden verkauft?

b) Wie viel Geld wurde für Einzelfahrten eingenommen?

c) Wie viel Geld wurde für Familienfahrten eingenommen?

Einzelfahrten	Anzahl	Erwachsene	Anzahl	Kinder von 6 – 16 Jahren
Berg- und Talfahrt	326	9,50 €	95	6,50 €
Bergfahrt	84	7,00 €	28	5,50 €
Talfahrt	59	7,00 €	36	5,50 €

Familienfahrten	Anzahl	Eltern und 2 Kinder von 6 bis 16 Jahren
Berg- und Talfahrt	147	27,00 €
Bergfahrt	68	22,00 €
Talfahrt	24	22,00 €

d) Mit welchen Fahrkarten wurde am meisten Geld eingenommen? ______

2 Die 23 Kinder einer Schulklasse werden von 5 Erwachsenen betreut. Alle zusammen wandern zum Gipfel hinauf und fahren mit der Bergbahn wieder herunter. Wie viel müssen sie für die Karten bezahlen?

5,50 · 23 =
1100
1650
126,50

7 · 5 = 35 €
126,5 €
035,0 €
161,5 €

Fahrpreis Erwachsene
Berg 7,10 € Tal 7,10 €
Kinder
Berg 5,50 Tal 5,50

Achsen- und Drehsymmetrie

zu Seite 108

1 Welche Figuren sind symmetrisch? Kreuze an.

1

2
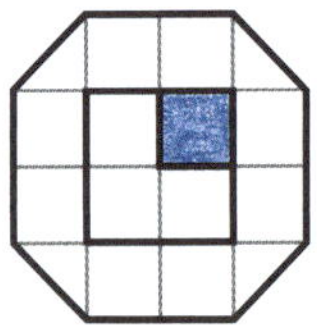

3
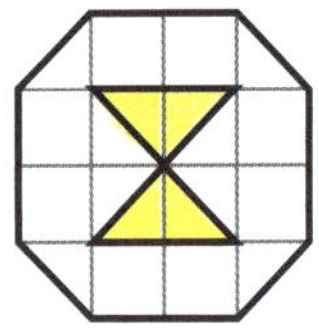

4

5

6

7

8

	1	2	3	4	5	6	7	8
nur achsensymmetrisch								
nur drehsymmetrisch								
achsensymmetrisch und drehsymmetrisch								
nicht symmetrisch								

2 Zeichne jeweils 2 eigene Figuren mit den angegebenen Eigenschaften.

a) nur achsen-symmetrisch

b) nur dreh-symmetrisch

c) achsen- und drehsymmetrisch

d) nicht symmetrisch

3 Wie geht es weiter?

zu Seite
109

Figuren verschieben

1 Gib eine Vorschrift an. Wo gibt es keine Vorschrift, weil nicht richtig verschoben wurde?

a)
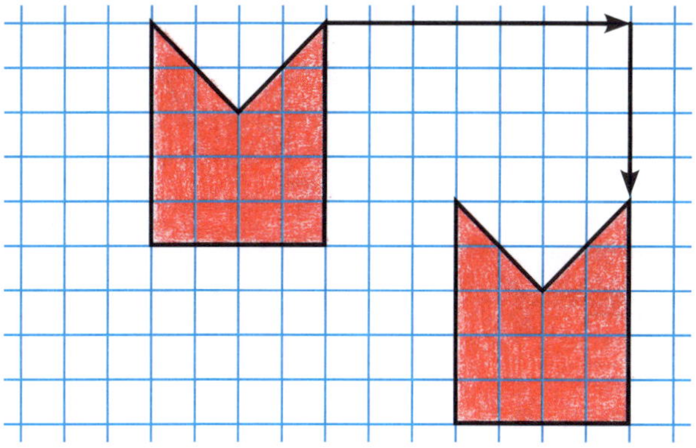

7 nach

b)
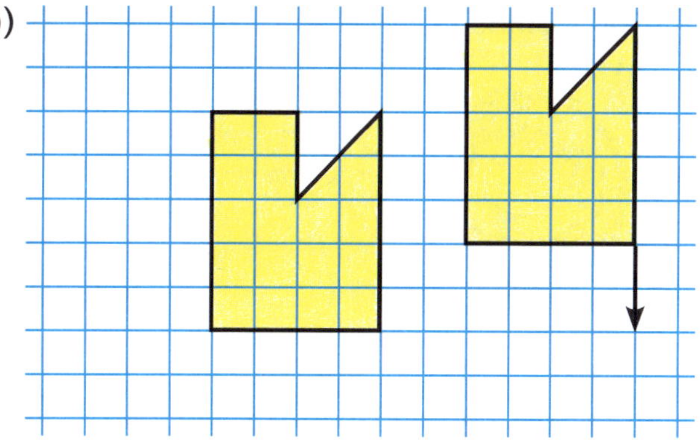

c)

d)
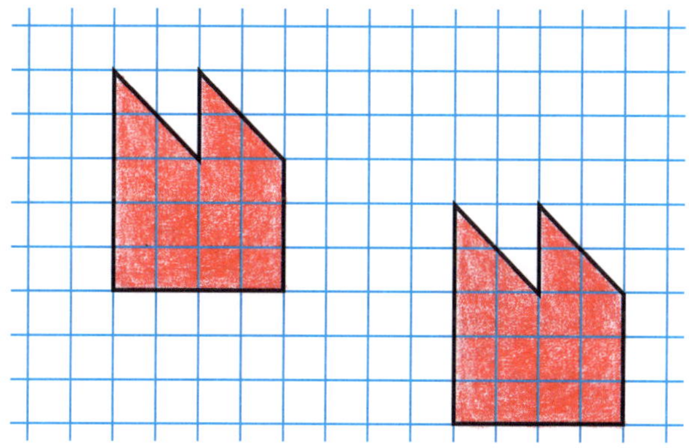

2 Verschiebe nach den Vorschriften.

a)
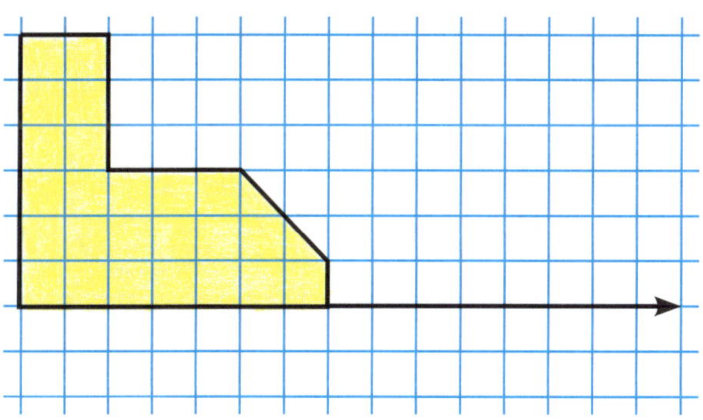

8 nach rechts, 2 nach unten

b)
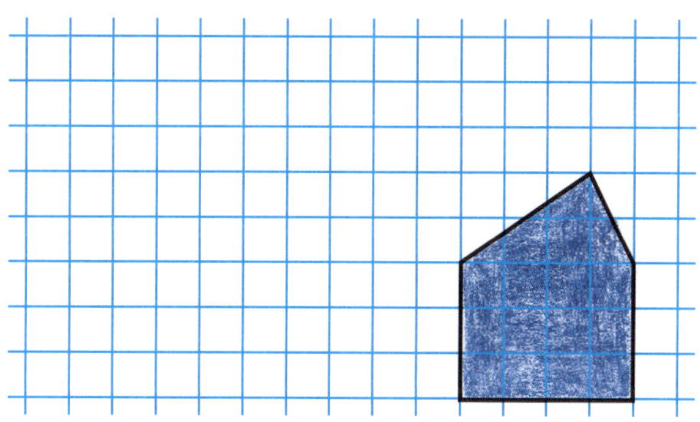

7 nach links, 2 nach oben

c)
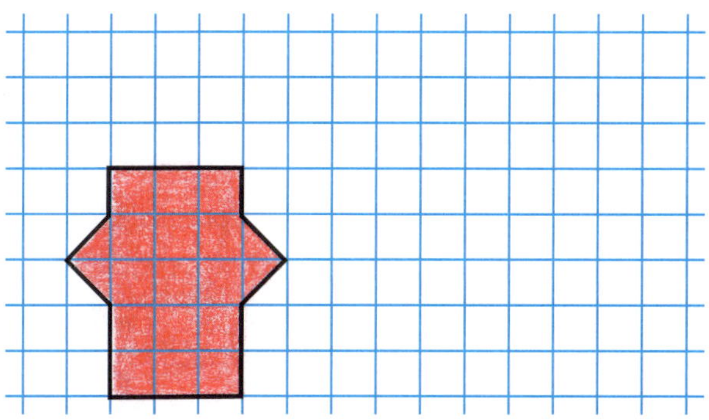

9 nach rechts, 3 nach oben

d)
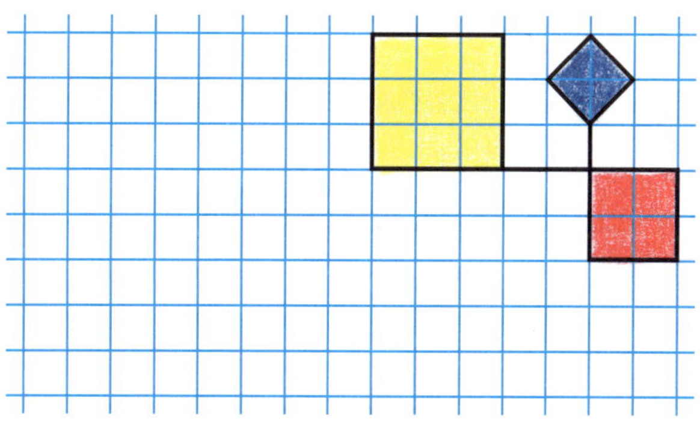

6 nach links, 3 nach unten

Maßstab

1 Das ist die Wohnung von Ronjas Familie.

a)

Stimmt das?

b) Wie groß sind die Räume in Wirklichkeit? Miss in der Zeichnung Länge und Breite, rechne dann um.

Maßstab 1 : 100

· 100

		Zeichnung	Wirklichkeit
Wohnen	lang	5,1 cm	510 cm = 5,10 m
	breit		
Kind	lang		
	breit		
Eltern	lang		
	breit		
Bad	lang		
	breit		
Küche	lang		
	breit		
Garten	lang		
	breit		

2 1 cm auf der Karte sind in Wirklichkeit 5 km.

Maßstab 1 : 500 000

0 5 10 15 km

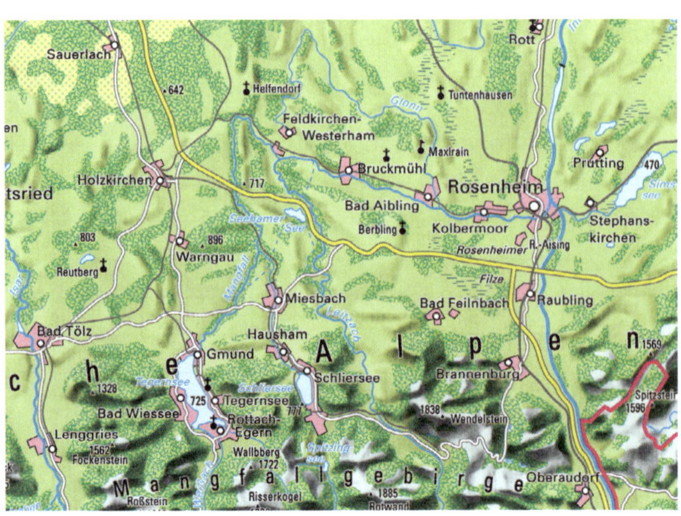

Tegernsee – Bruckmühl : 3,5 cm → km

Holzkirchen –

1

: =

\+ =

2

a) Die Zahlen von 1 bis 25 bilden ein Zauberquadrat.
Errechne zuerst die Zauberzahl.

17	24	1	8	
23			14	16
4	6		20	
	12			3
			2	9

Zauberzahl: ____

b) Auch die Zahlen von 1 bis 36 bilden ein Zauberquadrat.

1		9	34	32	2
	26	12		23	31
10	15	21			27
29	19			22	8
	14		25	11	
35		28			36

Zauberzahl: ____

3

Bastian, Sandy und Tilo sammeln Sticker. Bastian hat doppelt so viele wie Sandy. Sandy hat 41 mehr als Tilo. Tilo hat zwei Alben mit je 265 Stickern.
Wie viele Sticker haben alle drei Kinder zusammen?

insgesamt: ____

4

waagerecht

A 347 + 370
C die Hälfte von 1 666
F 80 000 – 3 000 – 985
H 8 400 : 2 + 73
J 23 · 4
K 267 mehr als 570 000
M 1 800 : (37 + 23)
N 8 · 1 111
O 16 000 – 236
Q Vorgänger von 299 100

A		B	■	C	D	E
	■	F	G			
H	I			■	J	
■	K			L		
M		■	N			
O		P			■	
Q						■

senkrecht

A das Doppelte von 372
B alle Ziffern gleich
C 8 000 : 100
D 32 000 – 4 · 8
E 2T 8Z 3HT 1E 5ZT 7H
G 2 · 315 000 + 860
I Nachfolger von 25 058
L 1 850 + 999
M 624 : 2
P 121 weniger als 200

1 Zu unserem Sonnensystem gehören 9 Planeten. Sie sind unterschiedlich weit von der Sonne entfernt und bewegen sich auf ihren Bahnen unterschiedlich schnell um die Sonne. Je näher an der Sonne, desto kürzer ist die Umlaufbahn, umso schneller hat ein Planet die Sonne einmal umrundet.

a) Was passt zusammen?

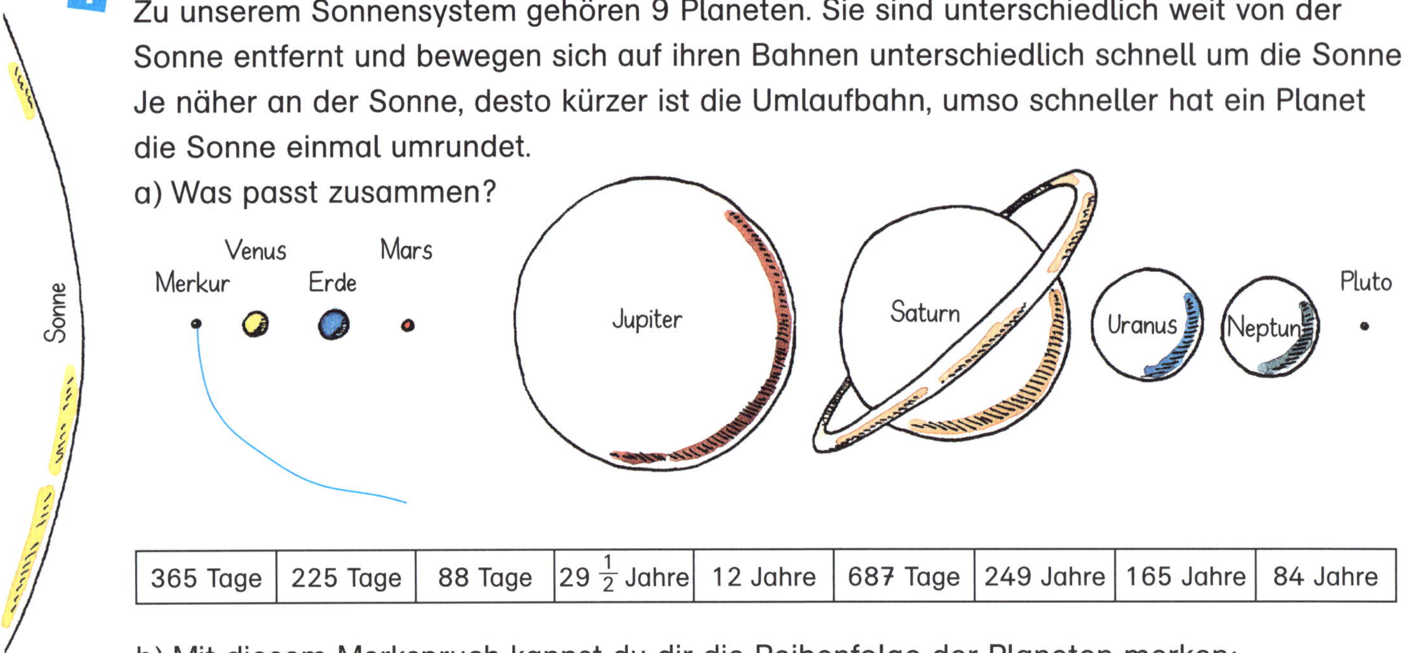

365 Tage	225 Tage	88 Tage	$29\frac{1}{2}$ Jahre	12 Jahre	687 Tage	249 Jahre	165 Jahre	84 Jahre

b) Mit diesem Merkspruch kannst du dir die Reihenfolge der Planeten merken:

Mein **V**ater **er**klärt **m**ir **j**eden **S**onntag **u**nsere **ne**un **Pl**aneten.

Merkur
Venus

2 Freitag, 7. Juni
Astronomische Daten

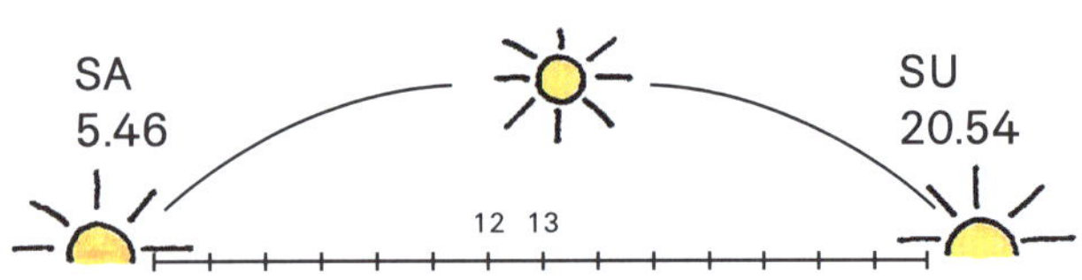

Sonnenaufgang (SA): 5.46 Uhr

Sonnenuntergang (SU): 20.54 Uhr

Mondaufgang (MA): 16.12 Uhr

Monduntergang (MU): 5.04 Uhr

Zeichne Pfeilbilder und berechne die Zeitdauer vom Aufgang bis zum Untergang.

SA ___ —— ___ h ___ min ——→ ___ SU

MA ___ ___ MU

3

Mai	Juni	Juli
1	1	1
2	2	2 ○
3	3 ○	3
4 ○	4	4
5	5	5
6	6	6
7	7	7
8	8	8
9	9 ◑	9 ◑
10	10	10
11 ◑	11	11
12	12	12
13	13	13
14	14	14
15	15	15
16	16	16
17	17 ●	17 ●
18	18	18
19 ●	19	19
20	20	20
21	21	21
22	22	22
23	23	23
24	24	24
25	25 ◐	25 ◐
26	26	26
27 ◐	27	27
28	28	28
29	29	29
30	30	30
31		31

● Neumond
○ Vollmond
◑ Halbmond (abnehmend)
◐ Halbmond (zunehmend)

a) Markiere im Kalender Tage mit Halbmond: blau, Neumond: grün, Vollmond: gelb.

b) Wie viele Tage liegen jeweils dazwischen?

○ → ○ : ___ Tage
: ___ Tage
○ → ● : ___ Tage
: ___ Tage
: ___ Tage
◑ → ● : ___ Tage

Fahrpläne und Fahrzeiten

1 Mit dem Reisemobil nach London: Ergänze die Pfeilbilder.

Reisetagebuch

1. Tag: 18. Juli

6.00 Uhr: Abfahrt in Augsburg
11.55 Uhr: Mittagspause in Holland
Käse-Verkostung: sehr lecker!
Windmühlenbesichtigung
12.48 Uhr: Weiter geht es ...
13.12 Uhr: Wir sind in Belgien!
Hmm, ist hier die Schokolade gut!
16.55 Uhr: Bienvenue in Frankreich
Wir haben einen Stellplatz für unser Reisemobil gefunden und ruhen uns erst einmal aus.
Morgen geht es weiter...

2. Tag:

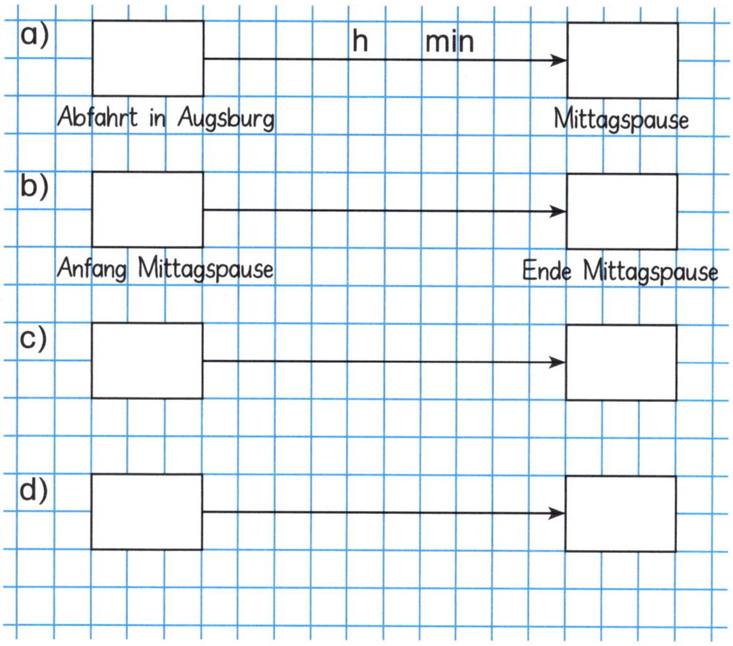

2 Mit dem Zug ans Meer: Wie lange dauert die Fahrt an die Ost- oder Nordsee?

Abfahrt Augsburg Hbf

5:56 IC 2394 Ostseebad Binz
Augsburg Hbf 5:56 – Ulm Hbf 7:00 – Stuttgart Hbf 8:05 – **Frankfurt (Main) Hbf** 10:23 – Hannover Hbf 13:59 – Hamburg Hbf 15:44 – Ostseebad Binz 19:34 fährt Mo – Sa

7:33 ICE 682 Rostock Hbf
Augsburg Hbf 7:33 – Würzburg Hbf 9:28 – Hannover Hbf 11:36 – **Hamburg Hbf** 13:44 – Schwerin Hbf 14:37 – Bützow 15:15 – Rostock Hbf 15:35 fährt täglich

8:17 IC 2392 Stralsund
Augsburg Hbf 8:17 – Stuttgart Hbf 10:05 – **Frankfurt (Main) Hbf** 12:23 – Hannover Hbf 15:59 – Hamburg Hbf 17:44 – Stralsund 20:41 fährt Mo – Fr

8:23 ICE 882 Westerland (Sylt)
Augsburg Hbf 8:23 – Würzburg Hbf 10:33 – **Hamburg-Altona** 14:33 – Husum 16:30 – Westerland (Sylt) 17:35 fährt täglich

11:25 ICE 1518 Kiel Hbf
Augsburg Hbf 11:25 – Leipzig Hbf 15:50 – Berlin Hbf 17:14 – Hamburg Hbf 19:02 – Kiel Hbf 20:12 fährt 28. Mai bis 8. Dez Mo – Fr

Es sind nicht alle Halte angegeben.
Fettgedruckte Orte sind Umsteigebahnhöfe.

Abfahrt Augsburg	Zug	nach	an	Fahrzeit
5:56	IC 2394	Ostseebad Binz	19:34	h min
		Westerland Sylt		
	ICE 682		15:35	
		Kiel Hbf		
	IC 2392		20:41	
		Husum		
		Bützow		
			14:37	

3 Mit dem Bus ins Strandbad: Ergänze den Fahrplan.

Hauptbahnhof	13.00	alle 15 Minuten	13.15	13.30			alle 45 Minuten	14.45		
Münsterstraße	13.08		13.23							
Landungsplatz	13.11		13.26							
Strandbad	13.23		13.38							

Große Flugzeuge

zu Seite
118 und 119

1 a) Füge die richtigen Angaben ein: **Boeing 737-700**

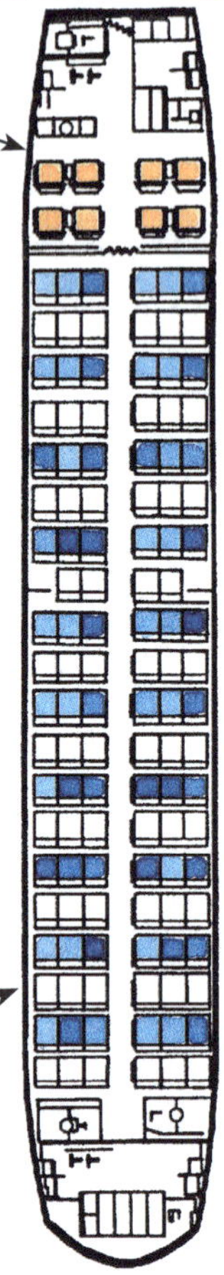

Die B 737-700 gehört mit einer Länge von ____________ , einer Spannweite von ____________ und einer Höhe von ____________ zu den Mittelstreckenflugzeugen der Firma Boeing. ____________ Triebwerke machen bei einer Tankkapazität von ____________ eine maximale Reichweite von ____________ möglich. Mit ____________ Plätzen in der Business Class und ____________ Plätzen in der Economy Class können insgesamt ____________ Passagiere bei einer durchschnittlichen Reisegeschwindigkeit von ____________ befördert werden. Der Treibstoffverbrauch ist mit ____________ pro Flugstunde gering.

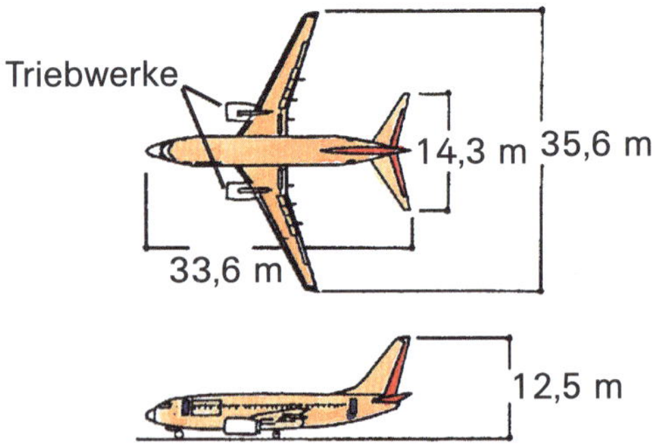

3680 l

6038 km

850 km/h

26035 l

b) Vervollständige die Tabelle.

Flugzeit	1 h	2 h	3 h		
Flugstrecke	km				
Treibstoffverbrauch	l				

2 Eine B 737-700 fliegt von Frankfurt nach Reykjavik.

a) Wie lang ist die Flugstrecke?

b) Wie lange wird der Flug ungefähr dauern?

c) Muss in Reykjavik für den Rückflug nachgetankt werden, wenn beim Abflug in Frankfurt alle Tanks voll waren?

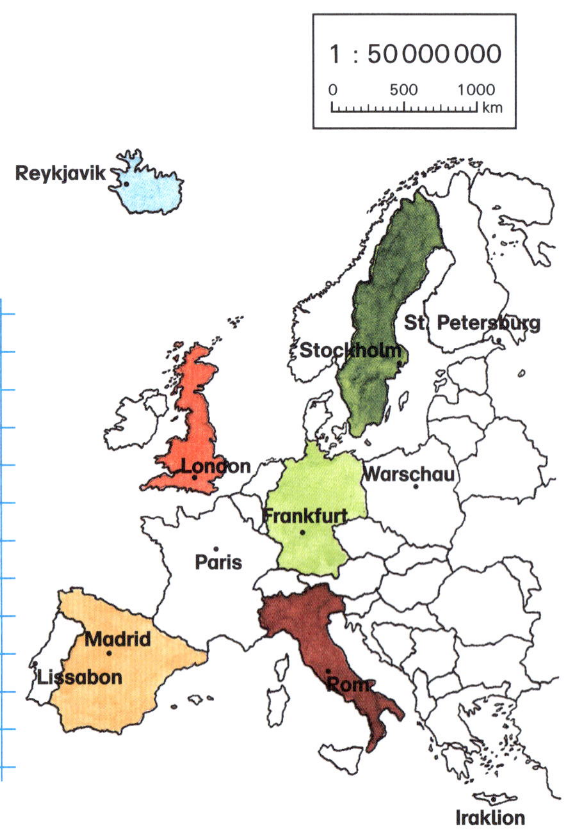

zu Seite
120 und 121

1

Als die Bilder laufen lernten …

Die Geburtsstunde des Kinos war im Jahre 1895: Damals fand in Paris die erste öffentliche Vorführung eines nur einminütigen Films statt, der von den Gebrüdern Lumière stammte. Über einen handbetriebenen Projektor wurden 16 Schwarzweißbilder pro Sekunde gezeigt, wodurch das Bild noch sehr wackelig war. Die Begeisterung des Publikums war groß. Schon bald entstanden überall auf der Welt die ersten Kinos. Dort liefen Stummfilme, die durch Klaviermusik begleitet wurden. Es dauerte bis 1927 ehe man die Uraufführung des ersten Tonfilms „The Jazz Singer“ in New York feiern konnte. Ein Jahr später wurde der erste Zeichentrickfilm „Dampfboot Willie“ gezeigt, dessen Hauptfigur „Mickey Mouse“ bis dahin noch niemand kannte. Jedoch erst 40 Jahre nach der ersten Filmvorführung in Paris war die Technik so weit, dass der erste Farbfilm in die Kinos kam. Die Entwicklung der Filmtechnik schritt weiter rasant voran. Die letzte bedeutende Neuerung stammt aus dem Jahre 1995: Damals kam mit „Toy Story“ der erste vollständig im Computer entstandene Film in die Kinos.

An diesem Film haben 125 Menschen mit 300 Computern über vier Jahre gearbeitet.

a) Wann war es? Trage fehlende Angaben ein und verbinde mit dem Jahr auf der Zeitleiste.

1900 2000

b) Welche beiden Aufgaben sind lösbar? Rechne.

Start
51 · 49
2450 S
2499 A
2500 D
614 · 28
17192 L
16192 U
17391 I
8 E
6 H
7 L
630 : 90
26903 – 1500
25404 W
25403 E
24403 I
21112 I
22111 S
22011 T
48000 : 800 – 15
22222 – 111
45 G
55 E
65 B
2460 : 12
205 U
25 A
250 I
4700 S
47 N
470 T
(300 – 65) · 2
81 : 9 + 17
Ziel
Auf Wiedersehen!
25 S
26 E
28 N
Lösungswort: